作者名单

主　编　杨玉珠

副主编　梁礼中　祝丽娟

编　委　（以姓氏笔画为序）

　　　　王立梅　刘晓芹　杜昊凡　杨玉珠

　　　　张慧霞　祝丽娟　梁礼中

前言

Photoshop CS5 软件是美国 Adobe 公司开发的,是目前市场上平面设计专业适用范围较广的平面图形图像制作和处理软件。

Photoshop CS5 软件在很多人的印象中,是一款很好的图像编辑软件,它的应用领域是非常广泛的,在一些影像作品和设计创意中也是使用非常多的。它具有图像编辑、图像合成、校正色彩色调、文字和图像的特效处理等功能。

本教材的设计思路体现专业课程内容与职业标准对接,有目的地培养适合平面设计专业的学生从基础知识、数码处理员、网店美工、影楼美工、平面设计员五个项目层次递进,根据相对独立的不同岗位平面设计的需求,通过各个岗位项目的独立培训,锻炼学生分析问题和解决问题的能力。利用不同行业用人标准,培养学生行业技能和综合素质提升。各个岗位培训以项目形式展开,由岗位职责、工作职责、职位要求、情境创设、任务理解、知识储备、技能储备、任务实施、实战练习等部分组成,符合中等职业学校学生的认知和技能发展规律,同时又注重岗位意识的渗透。

本教材均由常年在一线教学工作中担任平面设计教学且经验丰富的教师根据中等职业学生对知识和技能的掌握规律精心编写而成,具有很强的实用价值。同时本教材的知识技能与职业素养的相互渗透又更完美地诠释了"以就业为导向"的职业标准。

本教材由杨玉珠担任主编,梁礼中、祝丽娟担任副主编。全书共分为五个项目,具体编写分工为:项目一由刘晓芹编写,项目二由王立梅编写,项目三由张慧霞编写,项目四由杨玉珠、杜昊凡编写,项目五由祝丽娟、梁礼中编写。

本教材建议教学课时为 80 课时,各项目课时分配可以参考下表。

项目	项目名称	讲授	上机实操	总计
1	Photoshop 概述	4	4	8
2	数码处理员	6	12	18
3	网店美工	6	12	18
4	影楼美工	6	12	18
5	平面设计员	6	12	18
	总计	28	52	80

　　由于编者水平有限,书中难免存在不完美之处,还望各位专家、教师和广大读者批评指正,并提出宝贵意见和建议。

编者

2017 年 5 月

项目一　Photoshop 概述

刘晶听说现在平面设计就业前景特别好,就向知名的某平面培训机构进行咨询。

刘晶:我想学习平面设计,但对这方面又一窍不通,我想咨询你们一些问题。

接待员:欢迎您来到我们培训机构,您有什么问题呢?

刘晶:都说平面设计就业前景好,学了都能干什么工作呢? 主要学什么呢? 好学吗?

接待员:是的,就业前景非常好,可以做数码处理员、影楼美工、平面设计员等,平面设计主要用到 Photoshop 等软件,相对来说较为容易,下面我将请我们的资深讲师给您从常识、入门进行讲解,让您有一个初步的认识。

任务一　Photoshop 常识

Photoshop 是设计领域中利用率比较高的一款软件,随着 CS5 版本的推出,其功能变得更为强大,应用范围变得也更加广泛。本任务通过介绍 Photoshop 软件的应用范围和图像的基本概念和属性,让初学者对 Photoshop 有初步的认识。

1. Photoshop 的应用范围

Photoshop 是由 Adobe 公司推出的图形图像处理软件,由于它强大的图像处理功能,一直受到广大平面设计师的青睐。

Photoshop 的应用领域大致包括数码照片处理、广告摄影、视觉创意、平面设计及网页制作等,下面将分别对其进行详细介绍。

(1)数码照片处理:在 Photoshop 中,可以进行各种数码照片的合成、修复和上色操作,如为数码照片更换背景、为人物更换发型、去除斑点、数码照片的偏色校正等,Photoshop 同时也是婚纱影楼设计师们的得力助手。

(2)广告摄影:广告摄影作为一种对视觉要求非常严格的工作,要用最简洁的图像和文字给人以最强烈的视觉冲击,其最终作品往往要经过 Photoshop 的艺术处理才能得到满意的效果。

(3)视觉创意:视觉创意是 Photoshop 的特长,通过 Photoshop 的艺术处理可以将原本不相干的图像组合在一起,也可以发挥想象自行设计富有新意的作品,利用色彩效果等在视觉上表现全新的创意。

（4）平面设计：平面设计是 Photoshop 应用最为广泛的领域，无论是图书封面，还是招贴、海报，这些具有丰富图像的平面印刷品基本上都需要使用 Photoshop 软件对图像进行处理。

（5）网页制作：网络的迅速普及是促使更多的人学习和掌握 Photoshop 的一个重要原因。因为在制作网页时 Photoshop 是必不可少的网页图像处理软件，而且发挥的作用越来越大。

2. 图像的类型

在计算机中，图像是以数字方式来记录、处理和保存的，故图像也可以说是数字化图像。图像类型可以分为两种：位图和矢量图。

位图：也称为点阵图。位图使用带颜色的小点（即所谓的"像素"）描述图像，创建图像的方式好比马赛克拼图一样，当用户编辑点阵图图像时，修改的是像素而不是直线和曲线。位图图像和分辨率有关。位图的优点是：图像很精细（精细程度取决于图像分辨率），且处理也较简单和方便。最大的缺点就是：不能任意放大显示或印刷，否则会出现锯齿边缘和似马赛克的效果，如图 1-1、图 1-2 所示。

图 1-1　原图像大小

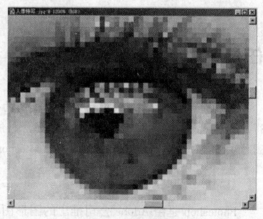
图 1-2　放大后

一般而言，位图都是通过扫描仪或数码相机得到的图片。由于位图是由一连串排列的像素组合而成，而并不是独立的图形对象，所以不能个别地编辑图像里的对象。如果要编辑其中部分区域的图像时，就要精确地选取需要编辑的像素，然后再进行编辑。能够处理这类图像的软件有 Photoshop、PhotoImpact、Windows 的"画图"程序、Painter 和 CorelDRAW 软件内的 CorelPHOTO-PAINT 等。

矢量图：也称为向量图。所谓矢量图是使用直线和曲线（即所谓的"矢量"）来描述图像。当用户编辑矢量图形时，实际上是在修改描述图形形状的直线和曲线的属性。矢量属性还包括颜色和位置属性。用户可以移动图形、重新调整图形的大小和形状，以及改变图形颜色等，这些修改不会损伤矢量图形的外观质量。矢量图形和分辨率无关，这意味着用户可以在不同分辨率的输出设备上显示它们而不会有任何质量损失。

矢量图最大的优点就是：可任意放大显示或印刷，其边缘都是平滑的，效果一样清晰，如图1-3、图 1-4 所示。其最大的特色是操作简单，图形修改变换方便准确。矢量图的基本组成单元是锚点和路径。适用于制作企业徽标、招贴广告、书籍插图、工程制图等。

图1-3　原图像大小　　　　　　　　图1-4　放大后

提示：

矢量图的清晰度与分辨率无关，缩放到任意大小和以任意分辨率在输出设备上输出，都不会影响其清晰度。

3. 像素

像素是构成数码影像的基本单元，我们若把影像放大数倍，会发现这些连续图像其实是由许多色彩相近的小方块所组成，这些"小方块"我们就称之为"像素"，如把图 1-1 放大后，图 1-2 中一格一格的像素。

4. 分辨率

分辨率是用于度量点阵图像内像素量多少的一个参数，主要分为图像分辨率和显示器分辨率。图像分辨率是每英寸中所包含的像素点数，单位：像素/英寸（pixel per inch，ppi）。分辨率越高，图形文件的长度就越大，也能表现更丰富的细节。但更大的文件需要耗用更多的计算机资源、更多的内存、更大的硬盘空间等。假如图像包含的数据不够充分（图形分辨率较低），就会显得相当粗糙，特别是把图像放大为一个较大尺寸观看的时候。所以在图片创建期间，我们必须根据图像最终的用途决定正确的分辨率。这里的技巧是要保证图像包含足够多的数据，能满足最终输出的需要。同时要适量，尽量少占用一些计算机的资源。

如常用的屏幕分辨率为 72 像素/英寸，而普通印刷的分辨率为 300 像素/英寸。

显示分辨率（屏幕分辨率）是屏幕图像的精密度，是指显示器所能显示的像素有多少，它的单位通常以点/英寸（dot per inch，dpi）表示。由于屏幕上的点、线和面都是由像素组成的,显示器可显示的像素越多,画面就越精细,同样的屏幕区域内能显示的信息也越多,所以分辨率是个非常重要的性能指标之一。显示分辨率一定的情况下,显示屏越小图像越清晰,反之,显示屏大小固定时,显示分辨率越高图像越清晰。

5. 图像的格式

PSD 格式:Photoshop 专用图像格式,能保存"图层""通道""路径"等信息,可以修改。缺点:体积大,在没有安装 Photoshop 的计算机上无法浏览。

TIFF 格式:兼容性强,几乎所有绘图软件都认可。缺点:不是所有图层都可见。

GIF 格式:压缩率大,容易读取,支持动态。缺点:失真,色彩单调,不支持印刷色。

JPEG(JPG)格式:常见,压缩率高,可选压缩等级,适合网络传输。

PNG 格式:用于无损压缩和在网页上显示图像。PNG 格式不仅兼有 JPEG 格式和 GIF 格式所能使用的所有颜色模式,还能将图像压缩到最小,以便于网络上的传输。

任务二   认识 Photoshop CS5 工作界面

Photoshop CS5 是美国 Adobe 公司的产品,是一款很棒的图像处理和编辑的软件,它提供了图像的合成、色彩调整等功能。我们可以通过 Photoshop 强大的图像处理功能,制作出令人惊讶的作品。工欲善其事,必先利其器,本任务详细介绍 Photoshop CS5 工作界面,让同学们对 Photoshop CS5 有进一步的认识。

双击桌面上的 Photoshop CS5 中文版快捷方式图标 Ps,即可打开 Photoshop CS5 工作界面。Photoshop CS5 的工作界面主要由标题栏、菜单栏、工具属性栏、工具箱、工作区、状态栏和浮动面板等部分组成,如图 1-5 所示。

(1)菜单栏:最上边一栏是菜单栏,包含"文件""编辑""图像""图层"等 11 组菜单,菜单栏中包含的 Photoshop 中的大多数指令。

单击任意一个菜单项即可打开相应的下拉菜单,里面包含与菜单项名称相关的各种操作指令,黑色显示表示指令处于可操作状态,灰色显示表示当前状态下不可操作。

(2)工具属性栏:配合工具栏各种工具的使用,工具不同时选项栏的内容也随之变化。主要用来设置工具的调整参数,如图 1-6 所示。

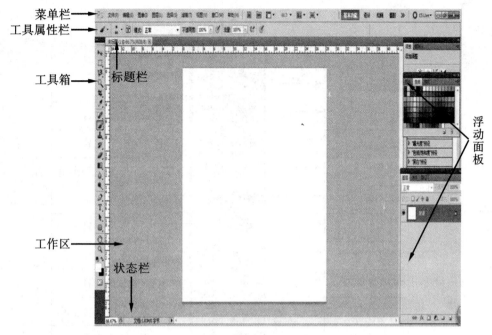

图 1-5　Photoshop CS5 工作界面

图 1-6　"矩形选框工具"属性栏

　　执行【窗口】|【选项】命令,可显示或隐藏工具的属性栏。右击属性栏上的工具按钮,选择"复位工具"或者"复位所有工具"选项,可使一个工具或所有工具恢复到默认位置。

　　(3)工具箱:工具箱默认显示在屏幕的左侧,共有 60 个工具,其中显示的有 22 个,如图 1-7 所示。将鼠标放在工具按钮上停留一段时间,就会显示该工具的名称。有的工具按钮右下角有三角形标志,表示这是一个工具组,左键点击小三角可在下拉列表中看到多个类似工具,按住"Alt"键点击工具图标,可在多个不同工具间切换。

　　Photoshop 中大部分工具,根据功能大体上分为移动与选择工具(6 个)、绘图与修饰工具(8 个)、路径与矢量工具(4 个)、3D 和辅助工具等几大类别。

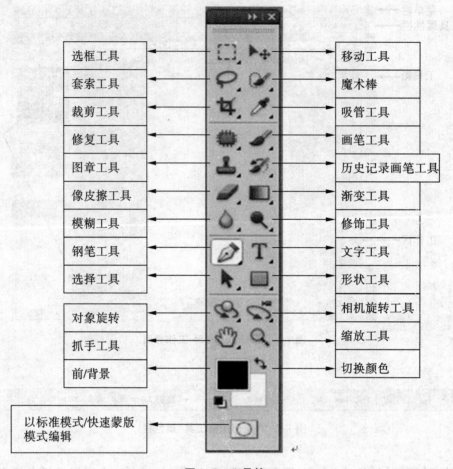

选框工具	移动工具
套索工具	魔术棒
裁剪工具	吸管工具
修复工具	画笔工具
图章工具	历史记录画笔工具
像皮擦工具	渐变工具
模糊工具	修饰工具
钢笔工具	文字工具
选择工具	形状工具
对象旋转	相机旋转工具
抓手工具	缩放工具
前/背景	切换颜色

以标准模式/快速蒙版模式编辑

图 1-7　工具箱

（4）标题栏：新建或打开一个图像文档，Photoshop 会自动建立一个标题栏，标题栏中就会显示这个文件的名称、格式、窗口缩放比例及色彩模式等信息。

（5）图像文档窗口：用来显示图像、编辑和绘制图像的地方，为了方便观察，窗口可任意缩放。

（6）浮动控制面板：用来配合图像的编辑、对操作进行控制及设置属性和参数等。这些面板都在"窗口"菜单里。如果要打开某一个面板，可以在"窗口"菜单下拉列表中勾选该项面板。

控制面板在工作区中的位置非常灵活，可以对其进行组合、排列、缩放、删除、关闭等多种操作。

控制面板可以进行伸缩，单击面板上方的伸缩栏，可将面板进行自由的伸缩或展开，如图 1-8 和图 1-9 所示。

（7）状态栏：位于工作界面的最底部，用于显示当前文档大小、尺寸、缩放比例、当前工具等多种内容。单击状态栏中的小三角，可自定义设置要显示的内容，如图 1-10 所示。

图 1-8 收缩所有面板

图 1-9 展开面板

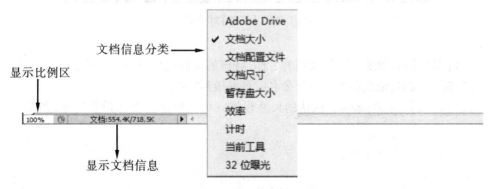

图 1-10 状态栏

（8）工作区：对图像进行浏览和编辑操作的主要区域，在其中可以显示图像文件、编辑或处理图像。在图像的上方是标题栏，标题栏中会显示当前文件的名称、格式、显示比例、色彩模式、所属通道和图层状态，如果该文件未被存储过，则标题栏会以"未命名"并加上连续的数字显示文件的名称。

任务三　文件的基本操作

在 Photoshop 中，要想实现对图像图形的处理，制作出精美的作品，就要学会对图像文件进行操作。本任务主要介绍文件的基本操作方法，并通过实例加强理解。

1. 文件的新建

当我们要建立一个新的图像文档时，执行【文件】|【新建】命令，此时会弹出【新建】对话框，如图 1-11 所示，各个选项说明如下：

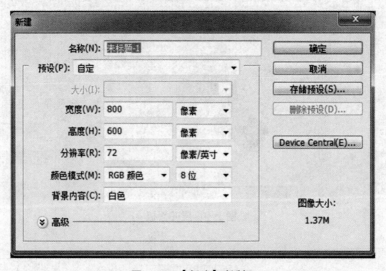

图 1-11　【新建】对话框

（1）【名称】：是指所建图像文档的名称，新建的文件名默认为"未标题 1"，再新建则以"未标题 2"设定，依此类推。自行命名时最好做到"见名知意"。

（2）【预设】：为 Photoshop 默认的尺寸设置。可以根据需要来设置尺寸，如图 1-12 所示。

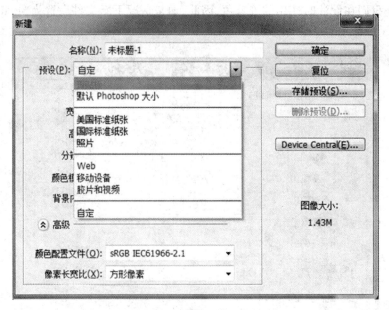

图 1-12　【预设】对话框

（3）【高度】和【宽度】：用来设定图像尺寸大小，单位有"像素""厘米""英寸""点"等。通常习惯用"像素"或"厘米"作单位，如图 1-13 所示。

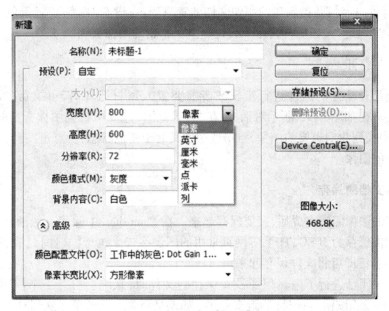

图 1-13　【高度】和【宽度】选项

（4）【分辨率】：在前面我们已经阐述过，这里不再说明

（5）【颜色模式】：是指新建图像的色彩模式，有"RGB""位图""灰度""CMYK"等，其

中"RGB"是我们在设计时使用的屏幕色,因此,通常情况下新文件设置为"RGB"模式,如图 1-14 所示。

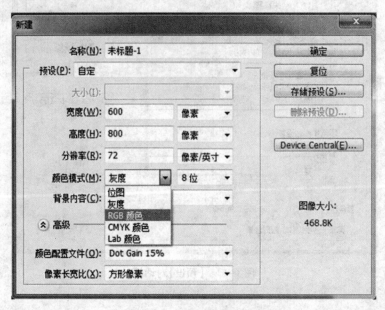

图 1-14 【颜色模式】选项

(6)【背景内容】:是指新建的图像文档的背景颜色,设有"白色""背景色"和"透明"三个选项,按"确定"按钮后即可依照设定建立一个新的图像文档。

2. 文件的打开

当我们打开已有的图像进行编辑或者需要置入素材图片时,可执行【文件】|【打开】,此时会弹出如图 1-15 所示对话框:在"查找范围"选项中找到图像所在的文件夹路径,在项目中找到我们想要的图像,点击选中使其处于蓝色状态,再点击"打开"按钮即可打开所选中的图像。

3. 图像文档的保存

当我们的图像编辑完成后,就要保存起来。在 Photoshop 中除了一般的存储方式外,还可以将图像保存为 JPEG、TIFF 等网页常用的图像格式。执行【文件】|【存储为】命令,或 Ctrl+S 组合键即可将文件保存起来。

当需要关闭已进行了编辑但还没有保存的文件时,系统会打开一个【存储为】对话框,如果单击"是"按钮,系统将存储该文件。如果是新建文件的第一次保存,系统会打开如图 1-16 所示的【存储为】对话框,在对话框地址栏中指定文件的存储路径,单击"保存"按钮,系统将以指定的路径对图像进行保存,保存后文件将自动关闭。如果单击"否"按钮,系统将丢弃该文件的编辑信息,直接关闭文件。如果单击"取消"按钮,系统取消本次操作。

图 1-15　【打开】对话框

图 1-16　【存储为】对话框

4. 移动工具 ▶⊕

使用移动工具可以移动素材图像,在同一图像文件中移动,或在不同的图像文件中相互移动。

勾选"自动"复制框,在图像上单击,可自动选择光标所接触的非透明图像,使用该工具在图像上右击,出现鼠标指针所在处非透明的各个图层,可选择所需的图层。

5. 实例练习

(1)新建文件:执行【文件】|【新建】命令,弹出【新建】对话框,参数设置如图 1-17 所示。

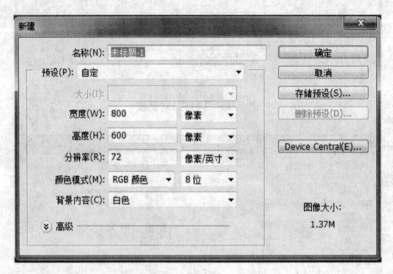

图 1-17 【新建】对话框

(2)执行【文件】|【打开】命令,打开素材"相框"和"草莓",如图 1-18 所示。

图 1-18 素材"相框"和"草莓"

（3）用"移动工具"将素材"相框"拖入新文件中，按 Ctrl+T 组合键调整到适合画面的大小，按 Enter 键确认。选择"魔棒"工具单击相框中间空白处，按 Delete 键删除中间白色图案，效果如图 1-19 所示。

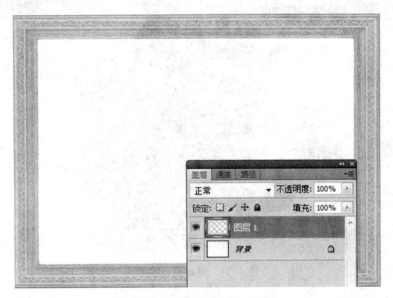

图 1-19　删除白色图案后效果

（4）用"移动工具"将素材"草莓"拖入新文件中，并放置于图层 1 下方，按 Ctrl+T 组合键调整大小和位置按 Enter 键确认，效果如图 1-20 所示。

图 1-20　调整后效果

（5）利用横排文字工具，输入文字"甜蜜诱惑"，添加投影效果，如图 1-21 所示。

图 1-21　添加投影效果

（6）按 Ctrl+S 组合键，将会打开"存储为"对话框，在文件名一栏输入"第一个作品"，文件类型一栏中，选择 JPG 格式，存储位置选择"桌面"，点击"保存"按钮即可。

任务四　图像标尺与参考线的应用——飘动的九宫格

为了使设计的图像更加精准，在设计的过程中经常会用到参考线，如进行 logo 设计、网页绘制、对称图像的制作等。如何操作呢？标尺和参考线的作用是什么呢？本任务我们将一起来学习相关的知识。

1. 标尺的应用

标尺可以帮助我们精确地确定图像或元素的位置。执行【视图】|【标尺】命令或按 Ctrl+R 组合键即可打开标尺。标尺的单位可以改变，可以为厘米、毫米、像素、英寸等，如图 1-22 所示。

通过标尺，我们可以了解图形的大小，同时通过结合辅助线使得图像的位置更加精准。此外，通过双击标尺，还可以直接更改图片及文字的单位、装订线的大小、打印分辨率和屏幕分辨率等，如图 1-23 所示。

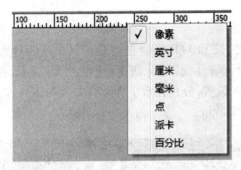

图 1-22　标尺的单位设置

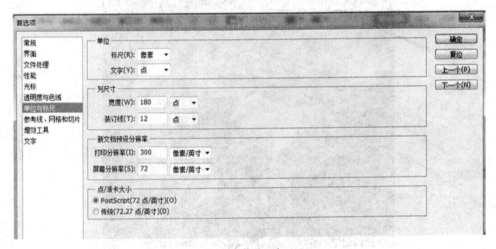

图 1-23　【首选项】对话框

2. 参考线的应用

在设定辅助线前,必须先打开标尺工具,可使用【选择工具】并拖动鼠标从标尺位置拖出参考线,也可以执行【视图】|【新建参考线】命令,弹出【新建参考线】对话框来设置参考线,如图 1-24 所示。当完成设计,想将辅助线去除时,只需选中参考线,拖动鼠标将参考线拖回标尺,或执行【视图】|【清除参考线】命令。

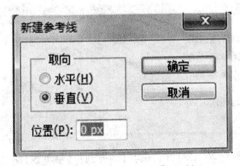

图 1-24　【新建参考线】对话框

3.实例练习

（1）打开向日葵素材,按 Ctrl+R 组合键打开标尺。该图片大小为 900 像素×900 像素,要将图片变成 9 等份,执行【视图】|【新建】|【参考线】命令,弹出新建参考线对话框,在对话框中输入参考线的位置,分别在水平和垂直方向的 300 像素和 600 像素位置各建立两条参考线,如图 1-25 所示。

图 1-25　"参考线"效果

（2）执行【视图】|【对齐到】|【参考线】命令,使得接下来的绘图能够对齐参考线,如图 1-26 所示。欲将图像分为 9 个小格子,必须建立小格子的选取范围。使用矩形选框工具,设置大小为 300 像素×300 像素,使得接下来绘制的每个矩形选框大小都一致,避免图像不精准,如图 1-27 所示。

✔ 对齐(N)	Shift+Ctrl+;
对齐到(T)	▶ ✔ 参考线(G)
	网格(R)
锁定参考线(G)	Alt+Ctrl+; ✔ 图层(L)
清除参考线(D)	切片(S)
新建参考线(E)...	✔ 文档边界(D)
锁定切片(K)	全部(A)
清除切片(C)	无(N)

图 1-26　执行【视图】|【对齐到】|【参考线】命令

图 1-27　【矩形选框工具】的属性设置

（3）想将一张相片分成 9 个部分，必须分别选取，复制到新的图层再进行缩小，重新排版。因此，使用固定大小的矩形选框工具，在参考线画好的格子里画一个 300 像素×300 像素大小的正方形选区，如图 1-28 所示。

图 1-28　绘制矩形选框

（4）按 Ctrl+J 组合键复制背景图层选中的区域，如图 1-29 所示。然后，移动选区到不同参考线方格位置，返回背景图层，按 Ctrl+J 组合键复制，重复以上步骤，直到把背景图层分为 9 块，如图 1-30 所示。

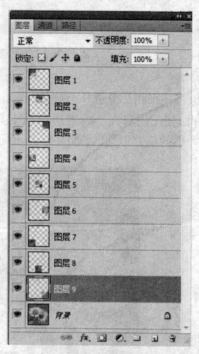

图 1-29　复制背景图层选中区域　　　　图 1-30　复制背景图层其他区域

（5）单击背景图层，将前景设置为白色，按 Alt+Delete 组合键将背景图层变成白色。单击图层 9，按 Ctrl+T 组合键对其进行自由变换，为了使每个图层缩小的比例一致，不使用手动修改，而使用变换的属性修改，如图 1-31 所示。

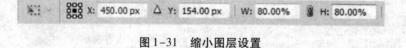

图 1-31　缩小图层设置

（6）对每个图层都进行以上的设置，将高与宽的比值设置为 80%，图像的效果如图 1-32 所示。

（7）为了使图片变得更加立体，为其添加图层样式的投影效果。单击图层面板上的【添加图层样式】按钮，在弹出的下拉列表中选择【投影】选项，弹出【投影】对话框，投影主要通过叠在其下的影子图层的颜色、大小、距离，扩展来凸显图像的立体感。颜色为阴影的颜色，默认为 75%；大小为影子的大小，扩展为影子的模糊程度，距离为图像与影子的距离。参数设置如图 1-33 所示。

图 1-32　缩小图层的图像效果

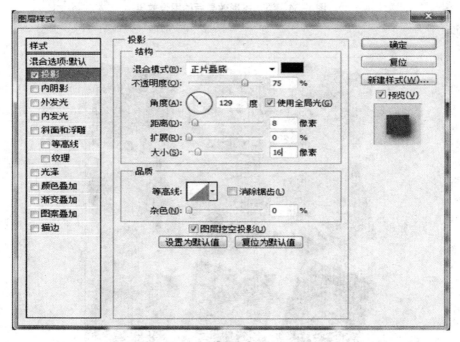

图 1-33　【投影】参数设置

（8）当为"图层 1"～"图层 9"都添加投影效果后，图像的效果如图 1-34 所示。为了使图像看起来更具动感，更加生动，按 Ctrl+T 组合键进行自由交换，将鼠标指针移动到矩形块的顶点,当其变为双向箭头时,旋转方向;不同的图层旋转方向不必相同,这样相片看起来就有动感。最终效果如图 1-35 所示。

图 1-34　添加投影效果后的图像效果

图 1-35　最终效果

(9)执行【文件】|【储存为】命令,将图像保存为"飘动的九宫格"。

习题

一、选择题

1. 用于网络上传和图片预览的文件存储格式一般为（　　　）。
   A. JPEG 格式　　　　　　　　　B. PSD 格式
   C. TIFF 格式　　　　　　　　　D. BMP 格式

2. 执行下列哪一项命令，可以将图像置入到图像视窗上？（　　　）
   A.【文件】|【最近打开文件】　　B.【文件】|【置入】
   C.【文件】|【导入】　　　　　　D.【文件】|【打开】

3. 执行下列哪一个快捷键，可以新建一个图像文档？（　　　）
   A. Ctrl+O　　　　　　　　　　B. Ctrl+N
   C. Ctrl+S　　　　　　　　　　D. Ctrl+V

二、操作题

设计一个如图 1-36 所示图像。（提示：新建白色背景文件，移入素材并利用椭圆选框工具，设置羽化值，复制选区内图像，添加文字）

图 1-36　"美丽校园"效果

项目二　职业岗位领域——数码处理员

岗位职责

1. 主要负责形象广告设计,比如 logo 设计。
2. 负责图片的基本处理,比如图片基本调整和修复。
3. 要求会熟练运用 PS、AI 等软件。
4. 对摄影图片艺术钟爱、执着,有责任心,有较强的沟通能力和团队合作精神,效率高,做事不拖泥带水。

工作职责

1. 有完成基础广告设计的工作能力。
2. 熟悉 logo、海报等广告设计的工作能力。
3. 逻辑思维清晰,做事认真、细致,表达能力强,具备良好的工作习惯。
4. 具备团队合作精神,有很强的上进心,能承受工作带来的较大压力。
5. 对色彩把握敏锐,具有把握不同风格广告页面的能力。
6. 有良好的处事心态,对企业有一定的忠诚度。

职位要求

1. 熟练操作 Photoshop 等图像处理软件。
2. 有一定的审美能力和创新意识。
3. 认真敬业、良好的团队合作精神。

工作内容

1. 矩形选框工具组的使用:制作创意图案。
2. 套索工具组的使用:根据要求抠图并完成图像的合成。
3. 魔棒工具、快速选择工具的使用:根据主题需要制作创意图形。

任务一　使用规则选区工具制作创意图案

情境创设

精彩广告创意工作室接到郑州市三人行网络科技有限公司的广告设计任务。工作室的杨经理把客户的想法和要求与设计师倩倩进行了沟通和交流。

杨经理:客户希望我们帮他的公司设计一个logo。他要求logo要突出"三人行必有我师""人多智慧广""环球网络"等的文化内涵。

倩倩:那我就用蓝色为环球的主色,人物造型用白色代表,因为白色具有高级、科技的意象,您觉得怎么样?

杨经理:听起来不错!你感觉设计起来难度大吗?客户要求今天下午能看到初稿,我们的时间有限哦!

倩倩:我用选区工具和填充工具就能轻松搞定。放心吧,保证按时完成任务!

任务理解

见表2-1。

表2-1　任务目标和技术要点

任务目标	技术要点
会用矩形选框工具建立选区	建立选区、加减选区
会用规则选区工具设计图形图案	建立选区、加减选区、消除锯齿和羽化存储、载入、复制和粘贴选区
会用前景色、背景色和渐变填充选区	填充选区、颜色设置、渐变设置

知识储备

1.选区的概念

选区就是选择的区域,在Photoshop中,选区有着非常重要的作用,很多操作都是基于选区进行的。

使用选区的优点在于能够限制绘图图像或编辑图像的区域,从而得到精确的效果。当对图形进行填充,以及使用渐变工具、画笔工具进行绘画,使用颜色调整命令对图像进行调整,使用滤镜命令对图像进行特效处理时,都需要精确的选区。

例如要对图片的背景进行特效处理(调整色相饱和度),需要先选中背景,这里使用快速选择工具选区背景,如图2-1、图2-2。

图 2-1　选择背景作为选区

图 2-2　对选区进行特效处理

2. 选框工具组

如图 2-3 工具箱中的【选框工具】组内含四个工具,它们分别是【矩形选框工具】【椭圆选框工具】【单行选框工具】和【单列选框工具】。该工具组主要用来设置规则选区,允许选择矩形、椭圆形以及宽度为 1 个像素的行和列。

(1)【矩形选框工具】和【椭圆选框工具】在使用时只需在图像上拖动鼠标,即可创建选区。

图2-3　选框工具组

（2）【单行选框工具】和【单列选框工具】在使用时只需在图像上单击即可在图像上形成高度或宽度为1个像素的选区，如图2-4。

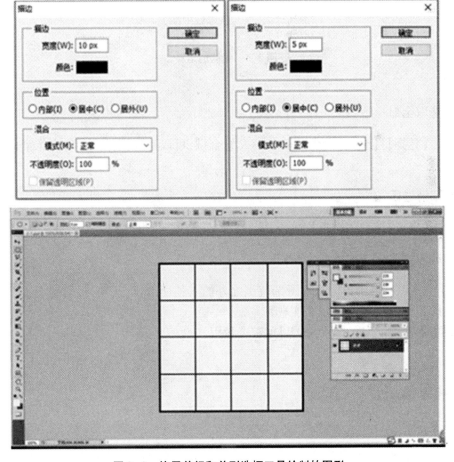

图2-4　使用单行和单列选框工具绘制的图形

技能储备

3.选区的运算

选区的运算如图 2-5。

（1）新选区:取消之前的选区,建立单独的新选区。

（2）添加到选区:将新选区与已有选区相加,形成更大范围的选区。

（3）从选区中减去:从已有选区中减去与后建选区的交叉部分,形成新选区。

（4）与选区交叉:先后创建的两个选区的交叉部分成为新选区。

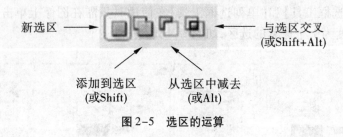

图 2-5　选区的运算

4.选取全部

单击【选择】|【全选】命令或按 Ctrl+A 组合键,可以选取图像中的所有像素(包括透明像素)。

5.取消选区

单击【选择】|【取消选择】命令或按 Ctrl+D 组合键,可以取消所选区域。

6.选区的反选

建立选区后,要选择你目前所选范围之外的其他所有部分,可以用【选择】|【反向】命令或按 Shift+Ctrl+I 组合键来实现。

如图 2-6 为【矩形选框工具组】的综合运用。

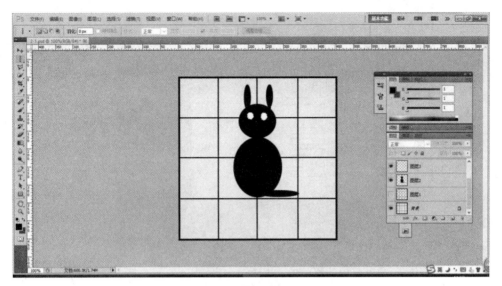

图 2-6　使用矩形选框工具组绘制的图形

任务实施

为"郑州市三人行网络科技有限公司"制作公司的图形 logo。

任务分析

（1）使用选框工具建立选区。

（2）使用颜色填充工具填充选区。

（3）调整图形尺寸和形状。

任务步骤

（1）新建一个分辨率为 72 像素/英寸，大小为 500 像素×500 像素，模式为 RGB 的文件（Ctrl+N），文件名称命名为"郑州市三人行网络有限公司 logo 效果图"，如图 2-7。

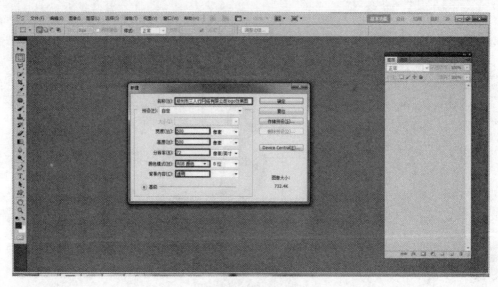

图 2-7 新建文件

（2）新建图层 1，选择【椭圆选框工具】，按住 Shift 键同时拖动鼠标，画一个正圆，如图 2-8。

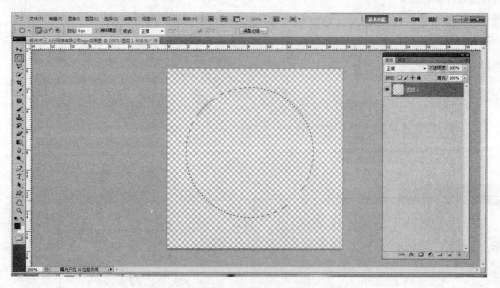

图 2-8 绘制正圆

（3）选择【渐变工具】，打开【渐变编辑器】设置渐变色，如图 2-9。

图2-9 设置渐变色

（4）在椭圆内从右上角到左下角拖动鼠标，填充渐变色，效果如下图2-10。

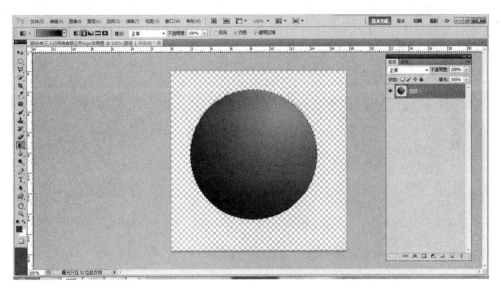

图2-10 填充渐变色

（5）新建图层2，设置前景色为白色，用【椭圆工具】建立正圆形选区并填充前景色，如图2-11。

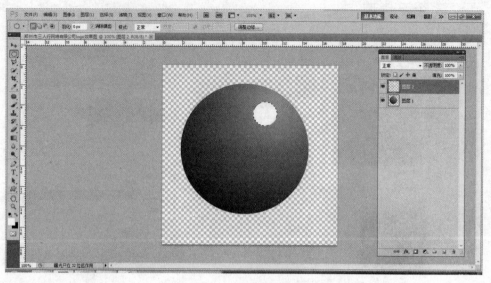

图 2-11　绘制圆形并填充

（6）新建图层 3，设置前景色为白色，用【椭圆工具】建立椭圆形选区，选择【从选区减去】按钮或者按住 Alt 键绘制图形并填充前景色，在【编辑】菜单中选择【变换】子菜单【扭曲】，调整图形形状，效果如图 2-12。

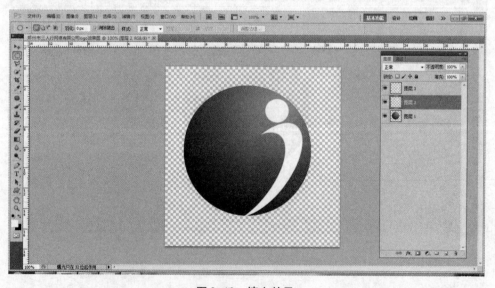

图 2-12　填充效果

（7）两次复制图层 3，在【编辑】菜单中选择【自由变换】子菜单，调整图形形状，效果如图 2-13。

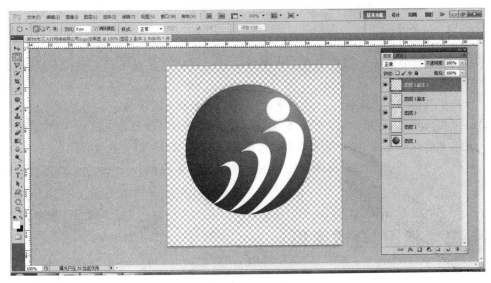

图 2-13　效果图

　　为了能够熟练使用选框工具,希望大家先练习校内资源包文件夹"02\2.1\实战练习"中的案例设计,如图 2-14。

图 2-14　标志图例

我们已经欣赏了设计部倩倩专业水平的设计过程!现在到了大家正式上岗一试身手的时候了!

首先参照制作几个国内外知名企业的 logo,效果参考图片位置为校内资源包文件夹:"02\2.1\实战练习"。然后每个"公司"按照自己的理念设计郑州市三人行网络有限公司 logo,要求制作原创图形 logo,效果参考图位置为文件夹"02\2.1\实战练习"。

每个"公司"提交制作的图像文件包括没有合并图层的 psd 文件及 jpg 格式,即两个文件。

任务二 抠图、合成图像

❀情境创设❀

精彩广告创意工作室接到郑州市精琦动漫有限公司的广告设计任务。杨经理把客户王经理的想法和要求与设计师倩倩进行了沟通和交流。

杨经理:王经理的动漫公司开业一周年,公司计划搞一个庆典活动,想让咱们公司帮他做一周年庆典的海报。

倩倩:嗯,这需要精心设计。我多找些素材,利用套索选区工具、选区羽化等工具合成一张充满奇幻色彩的庆典海报,制造一种超级震撼的视觉冲击力。我大约用一天时间来完成设计和制作,保证做出非常吸睛的作品。

杨经理:作品出来以后我先看看,没问题的话发给王经理过目。

倩倩:嗯嗯,没问题,保证让您满意,让顾客满意!

❀任务理解❀

见表2-2。

表2-2 任务目标和技术要点

任务目标	技术要点
快速精确抠图	套索工具、多边形套索、磁性套索
合成图像	羽化、图形变换

❀知识储备❀

1. 套索工具组

矩形、椭圆选框工具都可以做选区,但它们做的选区是规则的,对于不规则形状的图形来说,使用它们有一定难度,那么我们就会想到套索工具组里的其他三个工具。

套索工具组里的第一个【套索工具】用于做任意不规则选区,第二个【多边形套索工具】用于做有一定规则的选区,第三个【磁性套索工具】是制作边缘比较清晰,且与背景颜色相差比较大的图片的选区,如图2-15。

图2-15　套索工具组

2.套索工具组属性栏

套索工具组一般用于抠图,做大致的选区,用处特别大。在使用的时候应注意其属性栏的设置,如图2-16。

图2-16　套索工具属性栏

(1)选区加减的设置:做选区的时候,使用【新选区】命令较多。

(2)【羽化】选项:取值范围在0~250,可羽化选区的边缘,数值越大,羽化的边缘越大。

(3)【消除锯齿】的功能是让选区更平滑。

(4)【宽度】的取值范围在1~256,可设置一个像素宽度,一般使用的默认值10。

(5)【边对比度】的取值范围在1~100,它可以设置【磁性套索工具】检测边缘图像灵敏度。如果选取的图像与周围图像间的颜色对比度较大,那么就应设置一个较高的百分数值,反之,输入一个较低的百分数值。

(6)【频率】的取值范围在0~100,它是用来设置在选取时关键点创建的速率的一个选项。数值越大,速率越快,关键点就越多。当图的边缘较复杂时,需要较多的关键点来确定边缘的准确性,可采用较大的频率值,一般使用默认的值57。

在使用的时候,可以通过退格键或Delete键来控制关键点。

技能储备

套索工具(注:泛指套索工具、多边形套索工具、磁性套索工具,以下同)可用于随心所欲地选择所需要的区域,在选择时,只需要拖动鼠标就能决定要选择哪些部分。通常在使用时,我们经常会局部放大视图后再进行选择,这样可以创建更为精确的选区。今天就教大家一些【套索工具】的使用技巧,希望对大家有一定的帮助。

　　在使用【套索工具】时,经常被这样的问题所困扰——当放大视图后,使用【套索工具】拖动选区,当拖动到窗口的边缘时,想要继续进行选择,可是一向窗口外侧移动鼠标指针,视图就会一下子移动好远,而这时又不能使用滚动条来移动视图。如图 2-17 所示,鼠标已经拖动到窗口边缘。

　　向下稍微一移动指针,视图就移动了好大一块距离,已经看不见原来所选的内容,如图 2-18 所示。

图 2-17　套索工具使用

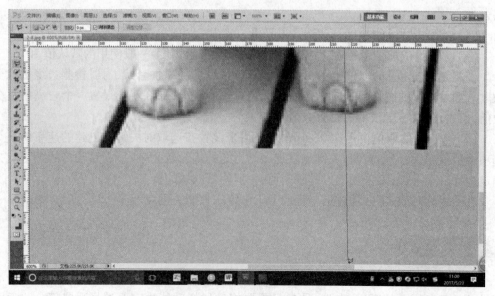

图 2-18　套索工具移动过快

其实解决的办法很简单。当鼠标拖动到如图 2-17 所示位置后，如果希望继续向下拖动又不希望出现如图 2-18 所示的情况，可以暂时按住空格键，这时鼠标指针就会变成小手，也就是说已经临时切换为"抓手工具"。现在用抓手向下移动一下视图，如图 2-19。

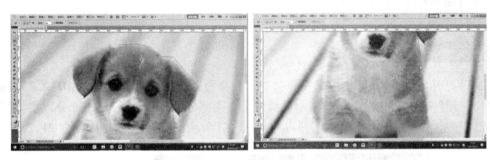

图 2-19　套索工具和抓手工具的转换

移动到合适位置后再松开空格键，切换为套索工具继续拖动即可。如图 2-20。

图 2-20　套索工具使用技巧

还有一个有关"套索工具"的小技巧：如果使用【套索工具】拖动选区时，需要放大和缩小视图，因为现在不能使用【缩放工具】，这时我们可以使用键盘快捷键 Ctrl 加"+"号来放大视图，使用 Ctrl 加"-"号来缩小视图。

❀任务实施❀

为郑州市精琦动漫有限公司制作公司一周年庆典海报。

任务分析

（1）使用套索工具组工具建立选区。

（2）羽化选区。

（3）图像合成。

任务步骤

（1）打开素材图片（见校内部资源包2.2.1背景和2.2.2，文件夹位置：02\2.2\素材图片）。用【多边形索套工具】将素材图分成上下两部分，下面的木叶城市部分，放到背景图片最下面的位置，上面的九尾狐狸，放到背景图片的最上面的位置。如图2-21。

将素材一分为二

摆放到合适的位置

图2-21　使用【多边形索套工具】选择选区

（3）用【多边形套索工具】分别对上下两部分图像勾列出选区，然后按下 Ctrl+Shift+I 组合键进行反选，之后羽化15像素后，按 Delete 键删除，调整两个图像所在图层的不透明度，就得到了半透明状态的狐狸和城市，和背景组合在一起，就已经看出一些味道了。如图2-22 和图2-23。

（小贴士：在选取一个区域后，按鼠标右键，在弹出的菜单中有【羽化】选项）。

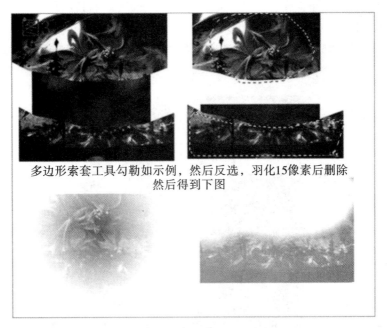

多边形索套工具勾勒如示例，然后反选，羽化15像素后删除
然后得到下图

图 2-22　对选区进行羽化

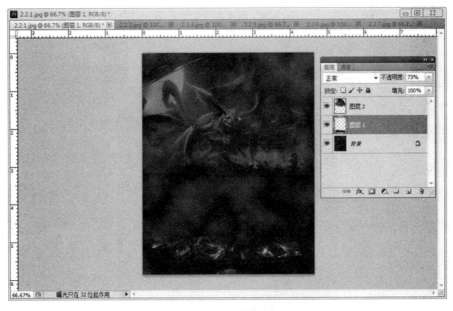

图 2-23　羽化效果图

（4）新建图层3。打开校内资源包素材图片2.2.3,用【磁性套索工具】选取"旋涡鸣
人",然后复制到新建的图层3上,然后按 Ctrl+T 组合键调整大小并确认,然后将其放到
合适的位置。按住 Ctrl 键同时用鼠标单击图层3 的缩略图选取图像,然后按 Ctrl+Shift+I

组合键进行反选,羽化 8 像素,之后按 Delete 键进行删除,然后执行【菜单】|【图像】|【调整色相/饱和度】或者 Ctrl+U,将饱和度调整为-10 左右(在螺旋丸蓝光的映射下,鸣人橙色的衣服会变淡),再降低一下不透明度,这样,旋涡鸣人边缘的部分就能和背景融合,如图 2-24。

图 2-24　磁性套索工具抠图

　　(5)用同样的方法将校内资源包素材图片 2.2.4、2.2.5、2.2.6 中的人物和 2.2.7 中的香烟抠出放置在合适的位置并进行大小、色相饱和度和不透明度的调整,如图 2-25。

图 2-25　磁性套索工具抠图效果

（6）设置前景色为#c89559，分别用【横排文字工具】和【直排文字工具】为设计的海报添加文字，字体为"叶根友毛笔行书2.0版"或者自己选择合适的字体。如图2-26。

图2-26　海报效果图

实战练习

倩倩设计的一周年庆典海报怎么样？是不是已经跃跃欲试了？好吧，现在到了大家正式上岗一试身手的时候了！

今年是我校墨梅书画社成立十周年，书画社负责人杨老师策划了一个师生书画作品展，委托我们为这次活动设计一个十周年作品展活动的海报，希望大家利用自己的专业知识，充分发挥设计才能，创作出彩的作品！每个"公司"安排人员到墨梅书画社拍摄素材图片，也可以使用校内资源包文件夹"02\2.2\实战练习"中的图片素材。

（1）尺寸：708像素×1181像素；

（2）展板内容要图文并茂，通过图片和文字将设计结果全面地展示出来；

（3）提交制作的图像文件包括没有合并图层的psd文件及jpg文件，即两个文件。

为了能够熟练使用套索工具，希望大家先练习校内资源包文件夹"02\2.2\拓展练习"中抠图及合成图像的案例。

任务三　为公司网站制作 logo

情境创设

精彩广告创意工作室接到一个为保健品网站设计网站 logo 的设计任务。杨经理把客户李经理的想法和要求与设计师倩倩进行了沟通和交流。

杨经理:倩倩,李经理要建一个关于保健品的网站,现在需要咱们给他设计一个网站的 logo,要求突出保健品自然、健康的特点。

倩倩:杨经理,我初步打算用绿色为主色来设计这个网站的 logo,因为绿色最能代表自然和健康,红色代表生命和活力,您觉得如何?

杨经理:嗯,这个思路不错,你先设计,把初稿尽早发给我。另外,这个设计你觉得花费时间长吗?

倩倩:杨经理,您放心,我用不规则选区工具,利用前景色和背景色填充,配合渐变填充工具就能搞定,我会尽快设计出来给您过目,包您和客户满意!

任务理解

见表 2-3。

表 2-3　任务目标和技术要点

任务目标	技术要点
快速精确抠图	快速选择工具、图形变换
精确抠图	魔棒工具、图形变换

知识储备

1. 魔棒工具

【魔棒工具】是一种比较快捷的选取工具,其作用是当你点击图像的某一个位置的颜色时,能够自动吸取附近区域相同的颜色,并使其处于选择状态,作图时我们往往用它来快速选择同一种颜色或是相近色的色块区域。

2. 快速选择工具

【快速选择工具】可以像使用画笔工具绘图一样随意涂抹来创建选区,在选区内可以随意添加或减去选区。在涂抹过程中,我们还可以设置画笔的硬度,以便创建具有一定羽化边缘的选区。如图2-27。

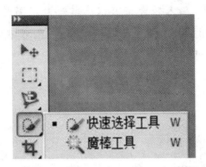

图2-27　快速选择工具和魔棒工具

技能储备

示例1:抠图合成图像

(1)打开文件,复制背景层,选择【魔棒工具】。如图2-28。

图2-28　打开素材图片

(2)设置属性。如图2-29。

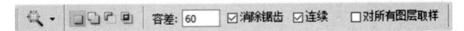

图2-29　魔棒工具属性栏

【容差】:60,选择【消除锯齿】和【连续】。

注:在"容差"文本框中可以输入 0～255 之间的像素值。输入较小值可以选择与选取点的颜色非常接近的颜色,输入较大值可以选取较大范围图像。

如果勾选【连续】复选框,能够选择相邻区域的颜色,否则选择不同区域的同一种颜色的所有图像。

(3)观察图片可以看到,图片背景浅蓝色居多,在浅蓝色上单击已选择图片背景的大部分区域。如图 2-30。

图 2-30　使用魔棒工具选择选区

(4)在【魔棒工具】选项栏中选择【添加选区】按钮(或按住 Shift 键),如图 2-31,单击未被选中的浅蓝色区域,将背景全部选中。如图 2-32。

图 2-31　选区按钮

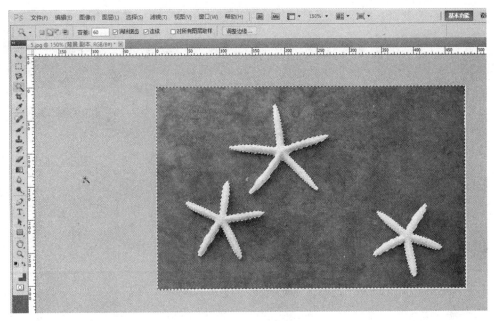

图 2-32　添加选区

（5）在【选择】菜单中选择【反向】，或者按 Ctrl+Shift+I 组合键，反向选择选区。如图 2-33。

图 2-33　反选选区

（6）复制（Ctrl+C）选区并粘贴至另一个图片中，实现背景更换。如图 2-34。

图 2-34　效果图

示例 2：抠图合成图像

　　快速选择工具是 Photoshop CS5 非常重要的选区工具，用快速选择工具抠图像相当简单，特别是可以抠很复杂边界的图像。下面就让我们来体验一把吧！

　　（1）打开文件，复制背景层，使用【快速选择工具】选取背景，如图 2-35，按 Ctrl+Shift+I 组合键反选选区人物。如图 2-36

图 2-35　快速选择工具选取选区

图 2-36　反选选区

　　很多人认为这时候就完成任务了,拷贝选区的图层,或者反选删除背景,可是发现这样得到的图像并不完美,边缘生硬,发丝也被删掉了。这可不是我们需要的效果,快速选择工具这么垃圾? 不是,因为还有重要的步骤要做。

　　(2)点击选项工具栏的【调整边缘】,视图选择为【叠加】模式,勾选【智能半径】,如图2-37。然后在发丝的部位进行涂抹,如图2-38。

图 2-37　调整选区

图 2-38　设置选项

　　(3)涂抹出需要的发丝后,选择输出到【新建带有图层蒙版的图层】,这样就会建立一个新图层,以蒙版的形式去除了不需要的背景。如图 2-39。

图 2-39　输出选区

　　(4)新建图层 1(注意图层 1 的位置在蒙版图层的下面一层),打开"梦幻荷花",按

Ctrl+A 组合键全选,复制(Ctrl+C)选区并粘贴(Ctrl+V)到图层 1。如图 2-40。

图 2-40　合成图像

(5)在【编辑】菜单中选择【自由变换】,或者按 Ctrl+T 组合键,将图像调整到合适大小。如图 2-41。

图 2-41　调整图像位置和方向

(6)在【编辑】菜单选择【变换】子菜单中的【水平翻转】,将人物图像水平翻转 180°,按 Ctrl+T 组合键,将人物图像调整到合适大小并移动到合适位置。如图 2-42。

图 2-42　效果图

任务实施

为一个保健品网站设计网站的图像 logo。

任务分析

（1）使用快速选择工具建立选区.
（2）图像合成.

任务步骤

（1）新建一个分辨率为 72 像素/英寸,大小为 500 像素×500 像素,模式为 RGB 的文件（Ctrl+N）,文件名称命名为"网站 logo 效果图",新建图层 1。打开校内资源包文件夹"02\2.3\素材图片"中的素材 7,用【快速选择工具】选取心形图案,复制并粘贴到图层 1 中,如图 2-43。

（2）前景色设为白色。复制图层 1,按住 Ctrl 键同时鼠标左键单击图层 1 副本缩略图,选中心形图案。执行【编辑】|【自由变换】,然后按 Alt+Shift 组合键等比例缩小心形图案,填充前景色。如图 2-44。

图 2-43　打开素材

图 2-44　变换选区

（3）新建图层 2。打开校内资源包文件夹"02\2.3\素材图片"中的素材 8，用【快速选择工具】选取树叶形状图案，复制并粘贴到图层 2 中。执行【编辑】|【变换】|【垂直翻转】，然后按 Alt+Shift 组合键等比例调整心形图案的大小，再执行【编辑】|【变换】|【扭曲】，调整图案的形状如图 2-45。

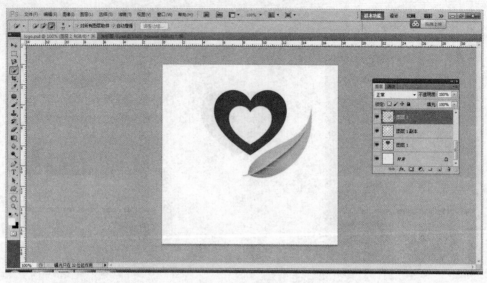

图 2-45　抠图

　　（4）复制图层 2，对图层 2 副本执行【编辑】|【变换】|【水平翻转】，调整图案位置。效果如图 2-46。

图 2-46　合成图像

　　（5）设置前景色为 #248d08，用【横排文字工具】选择合适的字体添加文字。如图 2-47。

图 2-47　添加文字

（3）设置前景色为#f11717，新建图层 4。用【椭圆选框工具】画出正圆形选区，填充前景色，调整到合适的位置。如图 2-48。

图 2-48　选区填充

最终效果图如图 2-49。

图 2-49 网站 logo 效果图

🌸 实战练习 🌸

倩倩为保健品网站设计的 logo 突出了保健品绿色、健康的特点。欣赏了倩倩的设计过程,大家是不是有所启发? 那就让我们通过下面的订单一试身手吧!

又到了招生季,我校新开设了 3D 打印专业,大家认真思考一下如何利用自己的专业知识,创作出能够吸引学生和家长眼球的 3D 专业招生简章。每个"公司"安排人员到 3D 实训室拍摄素材图片或者使用校内资源包文件夹"02\2.3\实战练习"中提供的素材。每个"公司"要有各自的设计方案。具体要求如下:

(1)尺寸:708 像素×1181 像素;

(2)招生简章内容要图文并茂,通过图片和文字将设计结果全面地展示出来;

(3)每个"公司"提交制作的图像文件包括没有合并图层的 psd 文件及 jpg 格式,即两个文件。

为了能够熟练使用套索工具,希望大家先练习校内资源包文件夹"02\2.3\拓展练习"中抠图及合成图像的案例。

🌸 综合实训 🌸

通过项目二的学习,大家学会了各种选区工具、填充工具、文字工具等的使用技巧。也对如何设计 logo 和海报有了一定的理解,相信大家作为精彩设计工作室的成员,一定收获很大。

下面,我们将通过一个完整的实例对大家的专业知识的掌握和创意设计的能力进行考核,评价大家是否能作为一个合格的数码处理员。要求如下:

主题要求:

(1)到校园的不同地方拍摄图片,不得少于 20 张,也可以使用校内资源包文件夹"02

\综合实训素材图片"中的素材；

（2）设计一个展示我们学校校园风光的电子展板。

板面要求：

（1）板面整体尺寸：2362 像素×1417 像素；

（2）展板内容要图文并茂，通过图片和文字来表现校园风光；

（3）提交制作的图像文件包括没有合并图层的 psd 文件及 jpg 文件，即两个文件。

希望每个"公司"认真研究设计方案，做好分工，相互配合，制作出精彩的作品。

考核标准：

专业知识应用能力占30%，创意设计能力占60%，创意说明占10%。

项目三 职业岗位领域——网店美工

岗位职责

在目前互联网及移动互联网快速发展的时代,网络购物在悄悄地改变着人们的购物和消费方式。因此市场对各种购物平台网店美工设计人才的需求越来越迫切。网店美工的就业前景也将越来越好。

工作职责

1.负责公司店铺、网站以及网站整体形象设计更新,并不断优化,提高客户体验感。

2.负责每款商品的设计和美化,包括拍照及图片修改和制作、动画、动态广告条等设计。

3.对新开发的产品进行设计排版,结合商品特性制作图文并茂、有美感、具有吸引购买力的详情描述页面。

4.根据公司不定期促销计划,对店铺进行页面美化促销活动及其他相关页面设计支持。

职位要求

1.熟悉整个网店美工的工作流程。

2.精通美工软件 Photoshop,熟悉 Flash 设计和 GIF 动画设计。

3.熟悉界面设计的流程方法,出色的设计语言表达能力,优秀的创新与沟通协调能力。

4.工作态度端正、耐心、细致。

工作内容

1.文字的处理:根据商品的需要完成对商品文字的输入、排版以及特殊效果的处理。

2.美化宝贝图片:利用路径工具为促销广告及宝贝详情页绘制各种各样的矢量图形。

3.批处理宝贝图片:利用动作功能快速为宝贝添加统一的个性图标。

任务一 文字制作

情境创设

临近一年一度的店庆,雅华旗舰店要做一张店庆的促销海报,希望通过打折活动,取得好的销售量。工作室的刘经理将促销活动的海报交给了做美工的鑫鑫。

刘经理:雅华旗舰店 3 周年店庆即将来临,他们想通过打折包邮活动做一次促销,你来负责一下促销海报的制作。

鑫鑫:好的。

刘经理:这次活动主要是利用店庆通过对商品的打折包邮进行促销,一定要把这个信息突出出来。店庆前夕我们一定要把这张宣传图片制作出来。

鑫鑫:没问题,我一定好好设计,保证完成任务。

任务理解

见表3-1。

表3-1 任务目标和技术要点

任务目标	技术要点
文字的制作	文字的输入和基本的调整
文字特效的制作	为文字添加特效

技能储备

1. 文字工具

【横排文字工具】:T 可以沿水平方向输入文字。

【直排文字工具】:IT 可以沿垂直方向输入文字。

【横排文字蒙版工具】:可以创建沿水平方向的文字选区。

【直排文字蒙版工具】:可以创建沿垂直方向的文字选区。

2. 文字输入

文字的输入方法分为:"点输入法"和"框选输入法",前者主要用来输入一行或一列文本,后者主要用来输入段落文本。

(1)点输入法:使用【横排文字工具】,在图像窗口中单击,当文档中出现闪烁的光标时,即可输入文字。同时可以在【横排文字工具】属性栏中设置文字属性,如图 3-1。

图 3-1　【横排文字工具】的属性栏

1)【切换文本取向】　：单击该按钮,可将文本的方向在“水平”和“垂直”间切换。

2)【设置字体系列】　：单击下拉按钮可以为文字选择设置需要的字体。

3)【设置字体大小】　：单击下拉按钮可以设置字体大小,也可以直接输入数字。

4)【设置消除锯齿的方法】　：该下拉列表中共有【无】【锐利】【犀利】【浑厚】【平滑】5 个选项,用户可以根据需要选择消除锯齿的方式。

5)【设置文本的对齐方式】　：可以设置文本对齐方式,分别为【左对齐】【居中对齐】和【右对齐】。

6)【设置文本颜色】　：设置字体颜色。

7)【创建文字变形】　：单击该按钮会弹出【变形文字】对话框,如图 3-2,可以根据需要选择变形的样式设置参数,变形的样式如图 3-3。

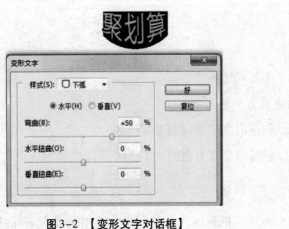

图 3-2　【变形文字对话框】

图 3-3　变形样式

8)【切换字符和段落面板】:单击该按钮可以显示或隐藏【字符】面板和【段落】面板,

如图 3-4 和图 3-5。

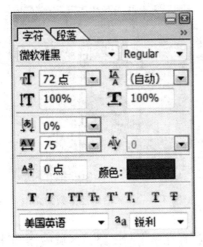
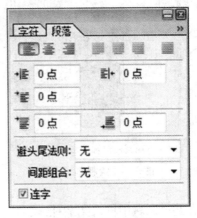

图 3-4 【字符】面板　　　　　　图 3-5 【段落】面板

(2)框选输入法:使用【横排文字工具】,在图像中按住鼠标左键并拖动,出现文本框,如图 3-6 所示。在文本框中输入文字,输入的文字到文本框的右侧时,系统会自动换行,效果如图 3-7。

图 3-6 框选输入法　　　　　　图 3-7 输入文本

(3)沿路径输入文字:使用【钢笔工具】绘制一个曲线路径,如图 3-8 所示。使用【路径选择工具】选择整条路径,使用【横排文字工具】设置合适的字体大小,移动鼠标指针到路径上的任意位置,当鼠标指针发生变化时单击,即可输入沿路径排列的文字,如图 3-9。

图 3-8　绘制曲线路径 　　　　　　　　　　图 3-8　输入沿路径排列的文本

（4）在路径区域中输入文字：把鼠标指针放置在整个封闭路径区域中，当鼠标指针变为圆形时单击，可以在路径区域中输入文字。如图 3-9。

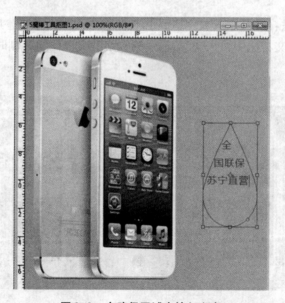

图 3-9　在路径区域中输入文字

🏵任务实施🏵

制作店庆促销广告，效果如图 3-10。

图 3-10　店庆促销广告

任务分析

（1）利用文字工具输入文字并对文字进行调整。
（2）利用图层样式对文字设置特殊效果

任务步骤

（1）打开校内资源包素材\03\3.1\店庆背景.jpg。

（2）单击文字工具，在空白的地方单击，输入"3 年店庆"，按 Ctrl+Enter 组合键生成一个文字图层，然后输入"全场 8 折包邮"，按 Ctrl+Enter 组合键生成另一个文字图层。完成后输入"2017 年 6 月 21 日—6 月 27 日，倾情回馈新老客户"，并按 Ctrl+Enter 组合键生成一个文字图层，如图 3-11。

图 3-11　输入文字

（3）选中"3 周年店庆"，字体为"方正大黑简体"，颜色为 cc0001，对齐方式为居中，消除锯齿方式为浑厚，字号大小设置为 65。由于要突出关键字"3"，设置字体为"方正行楷简体"，字号大小设置为 92。

（4）选中"全场 8 折包邮"，设置字体为"方正大黑简体"，颜色为 000000，对齐方式为居中，消除锯齿方式为浑厚，字号大小设置为 40。突出关键字"8 折"，将关键字颜色设置为 cc0001。

（5）同时，设置"2017 年 6 月 21 日—6 月 27 日，倾情回馈新老客户"，字体为微软雅黑，颜色为 26252b，字体大小为 20，对齐方式为居中，消除锯齿方式为犀利。最终效果图如 3-12 所示。

图 3-12 设置字体及字号大小之后的效果

提示：

在设置文字时关键字要尽量选择较为醒目的颜色和字体,其他内容的字相对小些但是要清晰。同一种广告图中最好不要超过三种字体。

(6)在图片的最下端输入"敬请期待"设置字体为"方正大黑简体",颜色为 cc0011,字体大小为 20,对齐方式为居中。效果如图 3-13。

图 3-13 输入文字之后

(7)选中"敬请期待",点击字符及段落设置面板,设置字符间的距离设置为 200,如图 3-14 所示。设置后的效果图如 3-15。

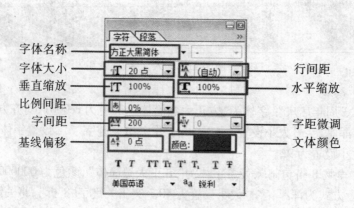

图 3-14 字符设置

图 3-15 字符设置后效果图

（8）选中"敬请期待"所在图层，点击右下方的"添加图层样式" ，在弹出的下拉菜单中单击投影，打开投影面板，调节"距离""扩展"及"大小"，如图 3-16。

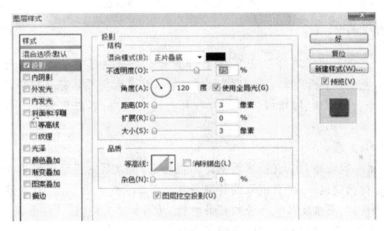

图 3-16 调整投影参数

（9）最终效果图如图 3-17。

图 3-17 最终效果图

实战练习

结合店庆活动网店美工鑫鑫设计了一张促销广告，通过文字的输入、排版，使消费者产生了强烈的消费欲。

正逢双十一即将来临,这是一个很好的营销机会,因此某个服装店需要制作一张促销广告图,促销信息包含"双十一狂欢节,根本停不下来,全场五折封顶,仅此一天,"。

请各"公司"组织开展设计方案讨论会,确定最佳人选和方案,并抓紧实施。任务完成后,我们将请有关行业专家或客户来评价作品,大家加油吧!

具体素材位置为校内资源"03\3.1"。

任务二　美化图片

情境创设

鑫鑫做网店美工越来越得心应手,刘经理对她也越来越器重。今天小游请假,她正在处理的宝贝抠图以及为"舞动高跟鞋"做的店标的任务都义不容辞地交给了鑫鑫。

刘经理:今天小游请假,她的工作还有一部分没有完成,客户又要得比较急,你看你能不能帮忙?

鑫鑫:好的,经理。

刘经理:第一项任务是从背景里面把产品抠出来,为以后的促销做好准备工作,因为这是客户预计的畅销款,一定要抠取的特别仔细。第二项任务是要为"舞动高跟鞋"公司设计制作一个店标,要求既体现行业的产品特性,又要简单美观,让人印象深刻。

鑫鑫:没问题,我一定好好设计,保证完成任务。

任务理解

见表3-2。

表3-2　任务目标和技术要点

任务目标	技术要点
从照片中抠取产品	路径工具的基本操作
店标的设计	路径控制面板的使用

技能储备

1. 路径的概念

使用【钢笔工具】绘制出来的矢量图形称为路径。路径可以是开放的,也可以是封闭的。无论哪种路径,都是由锚点、片段、方向点和方向线组成的,如图3-18。

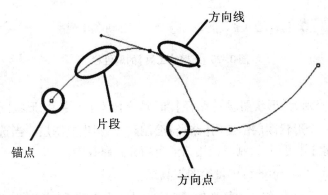

图3-18　路径的组成

【锚点】：图3-18中所示的空心点，它的位置决定路径的走向。

【片段】：每两个锚点间的线段。

【方向点】：图3-18中所示的实心点，与方向线一起控制路径的形态。

【方向线】：由锚点延伸出的两条线段，用来控制路径的形态。

2. 路径的形态

路径的形态主要有"转角"和"平滑角"两种形态，如图3-19。

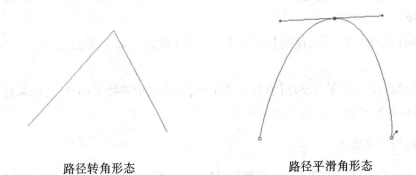

路径转角形态　　　　　　　　　　　路径平滑角形态

图3-19　路径的形态

3. 路径工具

（1）钢笔工具 ：使用【钢笔工具】可以创建点、直线和曲线，其用法与【多边形套索工具】有些类似，在不同的位置单击，软件自动连接单击的各个点来产生路径。【钢笔工具】可以创建精确的直线或曲线路径，是进行复杂图像去背景的一把利器，由于它的灵活性和极强的编辑功能，几乎可以抠取大部分的图像。

【钢笔工具】的属性栏如图3-20。

图 3-20   【钢笔工具】的属性栏

1）![icon]：分别为【形状图层】【路径】和【填充像素】。使用【形状图层】，在绘制路径时会自动生成一个形状图层。使用【路径】绘制路径，不生成图层。当选择矢量绘制工具组时，【填充像素】才可用，绘制时使用前景色填充到路径中。

2）![icon]：矢量绘图工具组。

3）【自动添加/删除】：勾选此复选框，【钢笔工具】由自动添加和删除功能。

4）![icon]：路径运算方式，分别为【添加到路径区域(+)】【从路径区域减去(-)】【交叉路径区域】【重叠路径区域除外】。

(2)自由钢笔工具![icon]：使用【自由钢笔工具】可以模拟自然形态的钢笔勾画出一条路径，其用法与【套索工具】类似。

(3)添加锚点工具![icon]：使用【添加锚点工具】在已绘制好的路径上单击，即可添加锚点。

(4)删除锚点工具![icon]：使用【删除锚点工具】可以删除锚点。

(5)转换点工具![icon]：使用【转换点工具】可以调节路径的形态，使路径在转角和平滑角之间转换。

(6)路径选择工具![icon]：使用【路径选择工具】可以选取整条路径，选取后可移动路径。

(7)直接选择工具![icon]：使用【直接选择工具】可以选取路径上的节点，选取后可移动节点，也可移动方向点，调整路径的弯曲度。

4.【路径】控制面板

Photoshop CS5 专门提供了一个编辑路径的控制面板。执行【窗口】|【路径】命令可以打开该面板，如图 3-21。

单击【路径】面板右上方的下拉按钮，弹出【路径】面板下拉列表，选择其中的选项便可进行相应的面板功能操作。

【路径】面板的功能按钮如下。

1）【用前景色填充路径】![icon]：单击该按钮，可以使用前景色填充路径。

2)【用画笔描边路径】○:单击该按钮,可以使用画笔对路径进行描边。

3)【将路径作为选区载入】○:单击该按钮,可以将当前路径转换为选区。

4)【从选区生成工作路径】○:单击该按钮,可以从选区建立工作路径。

5)【创建新路径】▢:单击该按钮,可以新建路径。

6)【删除当前路径】🗑:单击该按钮,可以删除路径。

图3-21 【路径】面板

🎀 任务实施 🎀

1. 从照片中抠取产品

产品抠图前后效果图如图3-22。

图3-22 产品抠图前后效果图

🎀 任务分析 🎀

(1)使用【钢笔工具】沿产品轮廓建立路径。

(2)使用【直接选择工具】对锚点进行编辑。

(3)使用【路径面板】将路径变成选区。

任务步骤

（1）打开校内资源包"素材\03\3.2\"中拍摄的纸篓图片。

（2）双击工具箱中的【抓手工具】，将图像以适合屏幕的大小来显示。如图3-23。

图 3-23   打开素材

（3）选择工具箱中的【钢笔工具】。选择选项栏中的【路径】模式。

（4）在纸篓的敞口左边缘位置单击鼠标，定义第一个锚点，移动光标到纸篓的底部，在左侧位置单击定义第二个锚点，一条直线路径就绘制出来了。如图3-24。

图 3-24   绘制直线路径

（5）在纸篓底部中间位置，按住鼠标拖动，即可绘制一条曲线。如图3-25所示。

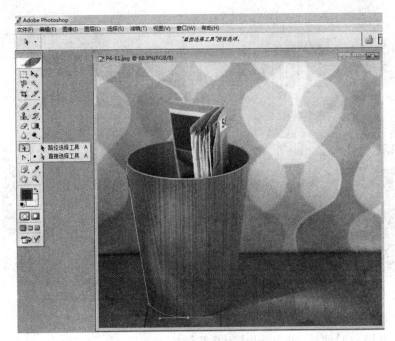

图3-25　绘制曲线路径

提示：

在绘制曲线时，要注意拖动出来的控制柄的方向和位置，它直接影响曲线的效果，可以将两个控制柄理解为圆弧的切线。

（6）利用同样的方法，根据纸篓的形状绘制直线和曲线路径，以选择纸篓。

（7）绘制完成后，将光标移动到起点，即第一个锚点位置，此时在光标的右下角将出现一个小圆圈，单击鼠标，即可完成闭合路径的绘制。如图3-26。

（8）绘制完成后，可以看到有些位置的路径并没有和纸篓很好的匹配。选择工具箱中的【直接选择工具】。

（9）将光标移到要移动或调整的锚点上，按住鼠标拖动即可移动锚点的位置，如果是曲线点，还可以拖动控制柄修改曲线。

（10）连续单击创建的点为角点，有时需要将角点转换为曲线点，此时可以选择工具箱中的【转换点工具】。

（11）将光标移到要移动或调整的锚点上，按住鼠标拖动即可将角点转换为曲线。完整的效果图如图3-27。

图 3-26　完成闭合路径　　　　　　图 3-27　调整后的路径

（12）打开【路径】面板，单击选择【工作路径】。

（13）点击面板底部的【将路径作为选取载入】按钮，将路径转换为选区。如图 3-28。

图 3-28　将路径变为选区

提示：

按 Ctrl+Enter 组合键，可以快速将路径转换为选区。

（14）按 Ctrl+J 组合键，将选区中的图像拷贝到新图层——【图层 1】图层。

（15）点击【背景】图层左侧的眼睛图标，将背景层隐藏，可以看到抠图后的效果。如图 3-29。

图 3-29　抠图的最终效果图

2. 制作店标

店标效果如图 3-30。

图 3-30　店标效果图

🎀任务分析🎀

(1)使用【形状】绘制出店标的边框。
(2)使用【钢笔工具】绘制出高跟鞋的轮廓,并填充颜色。

🎀任务步骤🎀

(1)新建一个高度为 10 厘米,宽度为 10 厘米的文件。
(2)选取工具箱中的自定义工具,在工具属性栏中设置"形状"为"窄边圆形边框",如图 3-31。

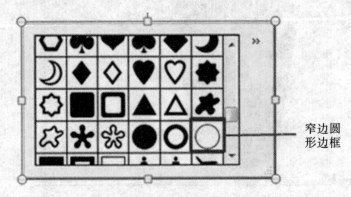

窄边圆形边框

图 3-31　选择窄边圆形边框

(3)设置【自定义形状工具】的下拉菜单,设置宽度为 173 像素,高度为 173 像素,设置前景色为 RGB(227,0,129)。如图 3-32。

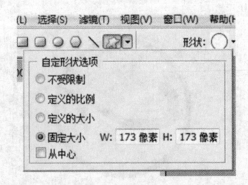

图 3-32　设置边框的大小

(4)在空白处点击鼠标,即得到一个符合要求的边框。
(5)利用钢笔工具画出高跟鞋的轮廓,并用【直接选择工具】和【点转换工具】对绘制的路径进行调整,效果如图 3-33。

（6）按 Ctrl+Enter 组合键,将路径转换为选区。

（7）新建一个图层,设置前景色为 RGB(227,0,129)的洋红,并用前景色填充到选区中,为高跟鞋上色。效果如图 3-34。

图 3-33　绘制完整的路径　　　　　图 3-34　为高跟鞋填充颜色

（8）调整边框和高跟鞋的位置与大小。

（9）选取【横排文字工具】,在工具属性栏中设置字体为"方正粗谭简体",字体大小为 36 点,设置"消除锯齿"的方法为"平滑",颜色为黑色,将鼠标移动至图像编辑窗口中单击鼠标左键,并输入文字,移动文字到合适的位置。效果如图 3-35。

图 3-35　最终效果图

实战练习

　　鑫鑫完美地从背景中抠出了垃圾桶为后面图片二次处理带来了很大的方便,现在摄影部拍了一张沙发的照片,需要美工部的成员能够换一个更好的背景。另外恒钻珠宝要求我们为他们设计一个有特点的店招。

　　现在这两个任务分给各个"公司",请各"公司"组织开展设计方案讨论会,确定最佳人选和方案,并抓紧实施。任务完成后,我们将请有关行业专家或客户来评价作品,大家加油吧!

　　具体素材位置为校内资源包"03\3.2"。

任务三　批处理宝贝图片

情境创设

　　随着工作能力的提升,鑫鑫的工作越来越忙,摄影部经常会拍摄某一宝贝的一组图片,要求美工对照片进行统一的修改,例如修改成相同的尺寸,为所有的图片添加店铺的 logo,这使鑫鑫觉得烦琐和枯燥。昨天她刚从网上学到了一种简单的方法,利用"动作"来完成。恰巧今天摄影组拍了一组关于 T 恤衫的照片,要求加上水印,既对店铺起到宣传的作用又防止别人盗用自己宝贝的图片。这个任务刘经理决定交给鑫鑫来完成。

　　刘经理:鑫鑫,今天摄影组拍了一组关于 T 恤衫的照片,要求先设计一个水印,然后添加到每张照片上。

　　鑫鑫:好的,经理,正好我刚学到一种快速批处理图片的方法,正好可以试一下。

　　刘经理:做得不错,记得设计的水印要和图片相匹配。

　　鑫鑫:好的,我打算设计两款水印供客户选择,保证客户满意!

任务理解

见表 3-3。

表 3-3　任务目标和技术要点

任务目标	技术要点
制作各种水印	文字工具的使用
为多张宝贝添加水印	动作及批处理的使用

技能储备

【动作】面板

　　Photoshop 中的【动作】是将一系列命令组合为单个动作,相当于以前在 DOS 操作系统中的批处理命令,也就是一种对图像进行多重步骤的批处理操作,这样可以大大减轻用户一些需要重复操作的烦恼。

　　在 Photoshop 中,对【动作】的编辑用一个单独的面板来完成。使用该面板可以实现

【动作】的记录、播放、编辑和删除等,还可以创建新序列和新动作。执行【窗口】|【动作】命令或按 Alt+F9 组合键,可以打开【动作】面板。

(1)【停止播放/记录】■:当【动作】面板中正在执行记录或播放动作时,单击该按钮,可以停止记录或播放。

(2)【开始记录】●:单击该按钮时将显示红色,说明已经开始录制动作。

(3)【播放】▶:单击该按钮,系统将自动播放录制的动作。

(4)【新建组】▢:单击该按钮可以新建一个动作组。动作组如同图层中的组,也是用来管理具体的动作的。

(5)【新建动作】▣:单击该按钮可以创建一个新的动作。

(6)【删除动作】🗑:单击该按钮可以删除记录的动作或动作指令。

(7)【切换对话开/关】▫:此图标以黑白效果显示,在播放动作时会弹出该动作相对应的对话框,以方便我们对此动作的参数进行重新地设置。如果某项动作指令前面没有该图标,说明该项操作没有可以设置的对话框;如果该图标显示为红色,说明此动作中有部分动作指令在当前条件下不可执行。单击该按钮,系统会自动将不可执行的动作指令转换成可执行的指令。

(8)【切换项目开/关】☑:用来控制动作指令是否被播放。

(9)【默认动作】:这是系统默认的动作选项。单击【动作】面板菜单 » 按钮,在弹出的下拉列表中选择【复位动作】选项,即可将【动作】面板设置为系统默认的显示状态。

(10)【动作指令】:录制的操作指令,一个动作中可以包含许多动作指令。

任务实施

给宝贝添加水印。

任务分析

(1)使用【文字工具】设计添加的水印。
(2)使用【图层样式】制作透明水印。
(3)利用【动作】为宝贝批量添加水印。

任务步骤

1.为单个宝贝添加水印

(1)启动 Photoshop 程序,打开一幅宝贝图片,如图3-36。
(2)在工具箱中单击【设置前景色】按钮,在弹出的【拾色器】对话框中将【颜色】设置为玫瑰红色(#da068d)。

（3）此时【前景色】就变为玫瑰红色,在工具箱中选择【横排文字】工具,将【字体】设置为【方正隶二繁体】,【字体大小】设置为"78",【字体颜色】设置为玫瑰红(#da068d),设置完成后在宝贝图片上输入文字"G"。如图3-37。

图3-36　宝贝图片　　　　　　　　　　图3-37　输入文字

（4）在【图层】面板中选中文字图层,单击鼠标右键,在弹出的快捷菜单中选择【栅格化文字】菜单项。

（5）此时文字图层就会变成一个普通的图层。

（6）选择【滤镜】|【像素化】|【点状化】菜单项。如图3-38。

（7）弹出【点状化】对话框,在该对话框中将【单元格大小】设置为"7"。

（8）此时宝贝图片上的文字就发生了变化。

（9）双击该文字图层,此时就会弹出【图层1样式】对话框,在该对话框中选中【投影】复选框,将【角度】设置为"144",【距离】设置为"16像素",【扩展】设置为"7%",【大小】设置为"9像素"。如图3-39。

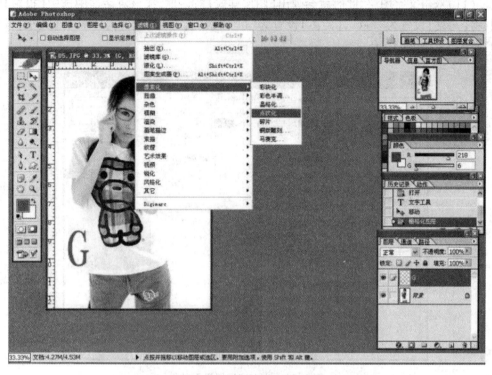

图 3-38　使用【点状化】滤镜

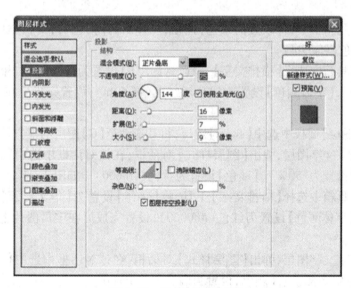

图 3-39　设置【投影】参数

（10）在工具箱中选择【横排文字】工具，将【字体】设置为"方正隶二繁体"，【字体大小】设置为"30"，【字体颜色】设置为玫瑰红色（#da068d），设置完成后在宝贝图片上输入文字"irl"。

(11)双击文字图层,此时就会弹出【图层样式】对话框,在该对话框中选中【投影】选项,将【角度】设置为"144",【距离】设置为"11 像素",【扩展】设置为"2%",【大小】设置为"8 像素",如图 3-40。

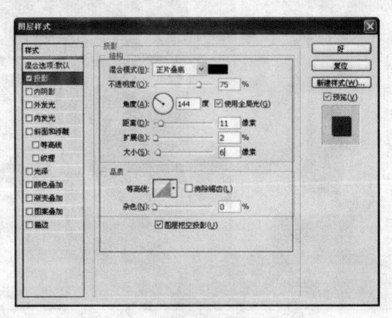

图 3-40　为文字设置投影效果

(12)在工具箱中单击【设置前景色】按钮,在弹出的【拾色器】对话框中将【颜色】设置为浅玫瑰红色(#fa59bf)。

(13)在工具箱中选择【横排文字】工具,将【字体】设置为【方正隶二繁体】,【字体大小】设置为"30",【字体颜色】设置为浅玫瑰红色(#fa59bf),设置完成后在宝贝图片上输入文字"sweet"。

(14)在【图层】面板中选中【sweet】图层,将其拖动至【G】图层的下方。

(15)双击该文字图层,弹出【图层样式】对话框,在该对话框中选中【描边】复选框,将【不透明度】设置为"50%",【颜色】设置为黄色(#fff600)。如图 3-41。

(16)在工具箱中选择【横排文字】工具,将【字体】设置为【华文彩云】,【字体大小】设置为"30",【字体颜色】设置为红色(#ff0000),设置完成后在宝贝图片上输入文字"可爱服饰"。

(17)双击该文字图层,弹出【图层样式】对话框,在该对话框中选中【描边】复选框,将【大小】设置为"6 像素",【颜色】设置为橘黄色(#ffba00)。

(18)接下来输入自己店铺的地址在工具箱中选择【横排文字】工具,将【字体】设置为【方正隶二繁体】,【字体大小】设置为"13",【字体颜色】设置为黄色(#fff600),设置完成后在宝贝图片上输入网店的地址。

(19)双击该文字图层,弹出【图层样式】对话框,在该对话框中选中【投影】复选框,将【角度】设置为"144",【距离】设置为"9 像素",【大小】设置为"7 像素"。

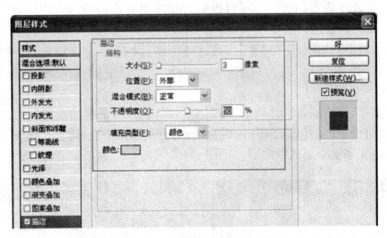

图 3-41　为文字设置描边效果

（20）此时宝贝图片的最终效果就出来了，如图 3-42。

图 3-42　最终效果图

2. 为宝贝添加透明水印

（1）新建一个【宽度】设置为"1000 像素"，【高度】设置为"1500 像素"的空白文件。

（2）创建【图层 1】图层。

（3）在工具箱中单击【设置前景色】按钮，弹出【拾色器】对话框，将【颜色】设置为黄色（#fff600），填充前景色。

（4）在工具箱中选择【横排文字】工具，将【字体】设置为【华文琥珀】，【字体大小】设置为"195"，【字体颜色】设置为白色（#ffffff），设置完成后输入文字"可爱服饰"。如图3-43所示。

（7）双击该文字图层，弹出【图层样式】对话框，在该对话框中选中【斜面和浮雕】复选框，在【图层】面板中的【设置图层的混合模式】下拉列表中选择【正片叠底】选项。

（10）此时文字就变成透明的了，如图3-44。

图3-43　输入文字

图3-44　文字变为透明

（11）打开需要添加水印的宝贝。

（12）选择【移动】工具，将透明水印拖动到打开的宝贝图片中，并调整其位置和大小。如图3-45所示。

3. 批量添加水印

下面介绍如何为宝贝批量添加水印，具体的操作步骤如下：

（1）启动 Photoshop，打开一幅宝贝图片，如图3-46。

图 3-45　最终效果图

图 3-46　打开素材

（2）在【图层】面板中，单击【背景】图层左侧的【眼睛】按钮，关闭其可视性，如图 3-47。

图 3-47　关闭【背景】图层的可视性

（3）此时窗口中只剩下水印文字了，选择【编辑】|【定义图案】菜单项，弹出【图案名称】对话框，在该对话框的【名称】文本框中输入"水印"，如图 3-48。

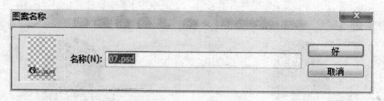

图 3-48 定义水印图案

（4）另外打开一张需要添加水印的宝贝图片,选择【窗口】|【动作】菜单项,弹出【动作】面板,如图 3-49。

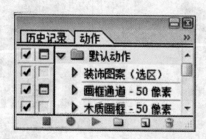

图 3-49 打开【动作】面板

（5）在【动作】面板中,单击【创建新动作】按钮,如图 3-50。

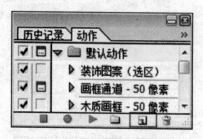

图 3-50 创建新动作

（6）随即弹出【新建动作】对话框,在该对话框中的【名称】文本框中输入"水印动作",输入完成后单击【记录】按钮,如图 3-51。

图 3-51 设置新动作的名称

（7）此时所有的操作就都会被记录下来。选择【编辑】|【填充】菜单项。弹出【填充】对话框,在该对话框中的【使用】下拉列表中选择【图案】选项。然后单击【自定义图案】右侧的下三角按钮,选择【水印】图案,设置完成后单击【确定】按钮。如图3-52。

（8）此时宝贝图片上就被填充上了水印图案。选择【文件】|【存储】菜单项。

（9）将添加上水印的宝贝图片关闭,然后在【动作】面板中单击【停止播放/记录】按钮,如图3-53。

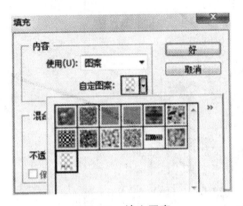

图3-52　填充图案

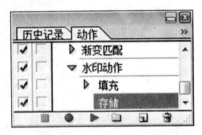

图3-53　完成录制动作

（10）选择【文件】|【自动】|【批处理】菜单项。如图3-54。

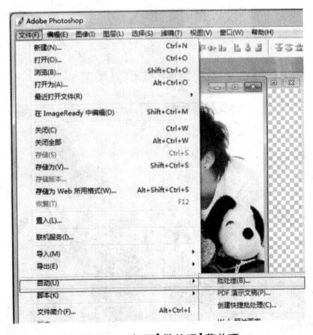

图3-54　打开【批处理】菜单项

（11）弹出【批处理】对话框,在该对话框中单击【选取】按钮,此时就会弹出【浏览文件夹】对话框,在该对话框中选中要进行批处理的图片,此时在【批处理】对话框中就出现了要进行批处理的图片的路径,单击【确定】按钮。如图 3-55。

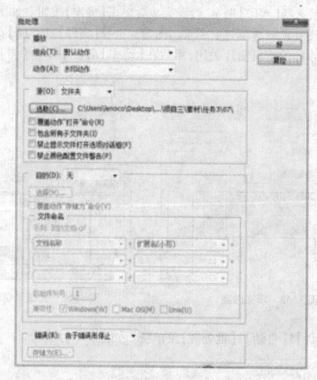

图 3-55　设置需要批处理文件的路径

（12）此时所有的宝贝图片就都被添加上了水印,如图 3-56。

图 3-56　为所有宝贝添加水印

实战练习

　　结合所给的素材,为苏泊尔电饭锅制作一个水印,并把水印定义为图案,然后录制为动作,利用批处理添加到每张宝贝图片。

　　请各"公司"组织开展设计方案讨论会,确定最佳人选和方案,并抓紧实施。任务完成后,我们将请有关行业专家或客户来评价作品,大家加油吧!

　　具体素材位置为校内资源"03\3.3"。

综合实训

通过这段时间的学习,大家已经学会了如何给自己处理的图片上添加文字,并设置一些特殊的效果,如何利用路径工具抠图以及设置符合店铺的店标,最后我们又学习了如何设计水印以及为宝贝批量添加水印。相信大家作为店铺美工团队的一员,一定收获满满。

下面,我们将通过一个完整的实例对大家的掌握情况进行考核,评价大家是否能作为一个合格的店铺美工。具体要求如下:

(1)在摄影棚中每个部门选择一个文具,从不同角度拍摄一系列照片,不得少于6张。

(2)设计一个符合你拍摄产品的店铺的店标,名字自拟。

(3)"六一"儿童节即将来临,为店铺做一张促销广告,可以从价格的打折活动或者满减活动入手。

(4)设计一个符合产品的水印,并添加到每一张宝贝图片上。

考核标准见表3-4。

表3-4　考核标准

"公司"名称	产品拍摄	店标设计	促销广告设计	水印设计及添加

项目四　职业岗位领域——影楼美工

岗位职责

近年来,基于对美的追求,很多年轻人频繁地选择数码影楼来拍摄写真、婚纱照来留念。数码影楼的蓬勃发展也带来了社会对影楼美工岗位的大量需求。影楼美工指的是拍摄后期的数码照片处理工作人员,就业前景很好。下面所列的是影楼美工的有关工作要求。

工作职责

1. 熟悉各种影楼后期加工制作流程。
2. 能独立完成客户精修片、相册设计及后期制作。
3. 设计制作宣传推广素材。
4. 在数码影像的设计、处理与合成方面有独当一面的能力。
5. 负责影楼后期照片的调色、修片、合成影集内页等工作。

职位要求

1. 熟练使用 Photoshop、Indesign 软件,速度快。
2. 亲和力强,安静、细心、温暖、有责任感。
3. 审美品位好,对色彩、修图有自己的独到见解。
4. 勤于学习,可以在重复性的工作中保持稳定的状态。

工作内容

1. 色彩调整:纠正偏色图片、让照片呈现更好的视觉效果,根据客户需求和影集风格需要对摄影图片进行色调处理。
2. 精准抠图:完成通道对婚纱或是杂乱毛发等杂乱、半透明的复杂精准抠图。
3. 图像合成:根据主题风格需要完成套取或制作模板完成图像合成。

初涉影楼美工的设计行业,必须先做好基础技能的熟悉工作,工作任务 1 的色彩调整是影楼美工的基本技能,它能使摄影照片摆脱光线等不利条件,展现完美的色彩色调人物肌肤效果。

任务一　色彩调整

情境创设

"蒙娜丽莎"影楼接到幸福新人王小姐和章先生的婚纱摄影任务。拍摄部刘经理把照片传给美工部调色套版人员晶晶。

刘经理:王小姐和章先生的室内外的拍摄照片出来了。你先看看吧!

晶晶:我刚看了一下,照片需要进行初始调色和细节上的纠正。

刘经理:是呀,时间很紧,你抓点紧,明天能给我看样片吗?

晶晶:好的,保证完成任务!

任务理解

见表4-1。

表4-1　任务目标和技术要点

任务目标	技术要点
图片的基本调色	快速调整、影调的调整
色调的变换	图像色彩命令
人物肌肤的完美呈现	盖印图层、曲线调整

知识储备

1.认识直方图

直方图是以图形的形式表示图像在阴影、中间调、高光中的数量分布情况。如图4-1的直方图的横坐标左边代表阴影,右边代表高光,中间是从暗到亮过渡的中间调。

图4-1　图像和直方图

2. 认识色温

色温是视觉冲击力与视觉效果的重要因素,如图4-2所示色温决定了图像偏暖或是偏冷。

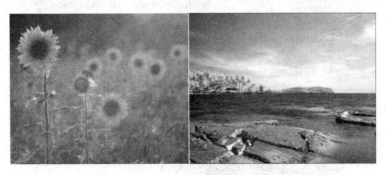

图 4-2　色温对图像的影响

3. 色调与曝光

色调是照片中色彩的倾向,一张图像中可以由很多颜色组成,但总体有一种倾向,如偏蓝的海上风景图片、偏绿的森林图片或偏红的花海图片。

曝光过度拍摄的照片如图4-3中的左图,会表现高色调效果,人物摄影中可以使人物皮肤色彩变浅,色彩洁净,在风光摄影中可以体现强烈、醒目的气氛。

曝光不足的照片如图4-3中的右图,可以呈现低色调的效果,低色调图像看起来稳重,而又有些忧伤。

图 4-3　色调与曝光的关系

技能储备

当摄影照片色彩色调不完美时,可以利用 Photoshop CS5 中"图像"菜单的"调整"命令组(如图4-4)进行色彩调整。

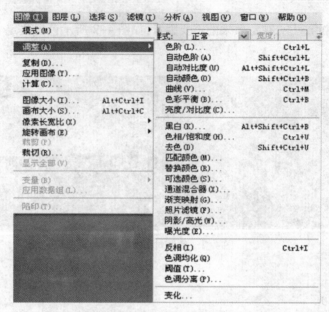

图4-4　色彩调整命令

色彩调整命令组主要分为快速自动调整、影调的调整、图像色彩处理、图像的特殊调整。下面我们分别对这些命令进行介绍。

1.快速自动调整命令组

(1)自动色阶:可以将图像的颜色和明暗一起调整使之更接近自然常态。如图4-5为自动色阶调整前后的效果。

图4-5　自动色阶调整效果

(2)自动对比度:可以将图像在保持整体颜色不变的情况下,对图像的细节部分进行调节,使图像的细节部分进行调节,使图像的高光更亮、阴影更深。如图4-6为自动对比度调整前后的效果。

图4-6 自动对比度调整效果

（3）自动颜色：可以平衡在图像中接近中性的中间调，并提高图像的对比度，还可自动纠正偏色图像。如图4-7为自动颜色调整前后的效果。

图4-7 自动颜色调整效果

2.影调的调整命令组

（1）亮度/对比度——设置图像整体的明暗层次。

可以对图像的明暗程度和颜色对比度进行调整。如图4-8为亮度/对比度调整前后的效果。

图 4-8　亮度/对比度调整效果

（2）曝光度——光线的明暗修正命令。

可以调整因曝光过度导致的图像偏白或曝光不足导致的图像偏暗问题。如图 4-9 为曝光度调整前后的效果。

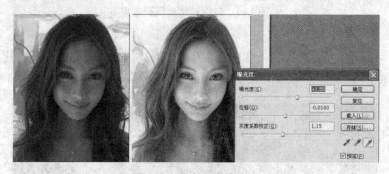

图 4-9　曝光度调整效果

（3）色阶——色彩明暗范围处理命令。

可以调整图像的阴影、中间调和高光的影调，校正图像的色调范围。如图 4-10 为使用参数对色阶调整前后的效果。

图 4-10　色阶调整效果

（4）曲线——自由处理各区域明暗。

通过为曲线添加多个节点，调节图像中多个指定区域的色彩范围。曲线命令比色阶调整命令可以实现更加丰富的明暗区域调节效果。如图 4-11 是为曲线添加节点调节前后的效果。

图 4-11　曲线调整效果

（5）阴影/高光——亮部和暗部的对比。

阴影/高光功能可以轻松地改善缺陷图像的对比度,同时保持照片的整体平衡,使图像更加完美。如图 4-12 为阴影高光调节前后的效果。

图 4-12　阴影/高光调整效果

3. 图像色彩处理命令

（1）自动颜色——对色彩的自然融合。

可以方便地调整出图像相对自然的颜色饱和度。如图 4-13 为自动颜色调节前后的效果。

图 4-13　自动颜色调整效果

（2）色相/饱和度——有针对性的色彩处理。

可以调整单个颜色的色相、饱和度和明度值,也可对图像的所有颜色进行调整。如

图 4-14 为对全图整体颜色进行调节前后的效果。

图 4-14　色相/饱和度效果调整

（3）色彩平衡——调整色彩的高、中、低调。

用于更改图像的总体颜色混合，纠正图像出现的色偏。如图 4-15 为使用色彩平衡调节前后的效果。

图 4-15　色彩平衡调整效果

（4）照片滤镜——模拟特殊图像色彩。

通过颜色的冷、暖色调来调整图像，实现图像的冷色调、暖色调。如图 4-16 为中图是为左图添加橙色照片滤镜效果，右图是为左图添加蓝色照片滤镜效果。

图 4-16　照片滤镜调整效果

（5）通道混合器——局部色彩的独特变换。

采用增减单个通道颜色的方法来调整图像色彩，来实现整个图像的颜色变化。如图 4-17 右图是为左图利用通道混合器轻松调出图像的流行阿宝色。

图 4-17　通道混合器调整效果

（6）去色——去掉图像的色彩，呈现黑白色。

去色可以快速地将彩色图像转化为黑白图像，在转换过程中图像的颜色模式和对比度将保持不变。如图 4-18 是使用去色效果调节前后的效果。

图 4-18　去色调整效果

4.图像的特殊处理命令

（1）反相——转化为对比色。

将图片中的颜色换成它的补色，原来的白色变成黑色，原来的红色变为绿色。如图 4-19 为使用反相命令调节前后的效果。

图 4-19　反相调整效果

（2）可选颜色——局部色调的变换。

用于图像中有选择地修改主要颜色,而不影响其他颜色。如图 4-20 为使用可选颜色命令调节前后的效果。

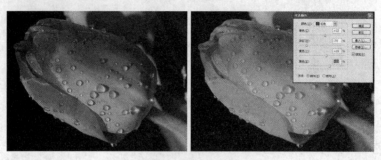

图 4-20　可选颜色调整效果

(3)渐变映射——实现色彩的阶梯性变化。

可以将相等的图像灰度范围映射到指定的渐变填充,它是针对整个画面的整体调配。如图 4-21 为使用渐变映射调节前后的效果。

图 4-21　渐变映射调整效果

❀ 任务实施 1 ❀

照片整体效果调整。

❀ 任务目的 ❀

如图 4-22 左边的照片,可以看出图片整体颜色较暗,人物皮肤色彩暗淡,缺乏光泽,不够红润,要对这些色彩上的不足进行修复。

图 4-22　照片调整前后效果图

🎴 任务分析 🎴

（1）使用"曲线"调整图像明暗分布。
（2）使用"亮度/对比度"调整图像的亮度和对比度。
（3）使用"色彩平衡"调整人物的红润皮肤。

🎴 任务步骤 🎴

（1）打开素材\04\4.1.1\素材.jpg，如图 4-22 照片调整前效果发现色调偏暗，人物皮肤不够红润自然，缺少光泽。使用【图像】|【调整】|【自动颜色】，使图像明暗接近自然效果，效果如图 4-23。

图 4-23　自动颜色调整效果

（2）使用【图像】|【调整】|【曲线】调整图片的亮度，曲线调整的参数和调整效果如图 4-24。

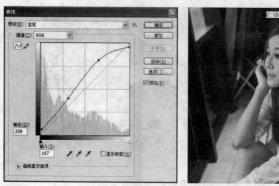

图 4-24   曲线调整的参数和调整效果

(3)使用【图像】|【调整】|【亮度/对比度】,调整图片的亮度/对比度,亮度/对比度调整的参数和调整效果如图 4-25。

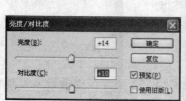

图 4-25   亮度/对比度调整的参数和调整效果

(4)此时发现图像的色调过于冷淡,为了体现图像中人物的红润自然,使用【图像】|【调整】|【色彩调整】,调整图片的色彩色调,色彩调整的参数如下图 4-26,即可实现最终的调整效果,如图 4-22 调整效果。

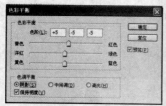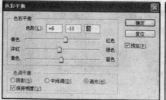

图 4-26   色彩调整的参数

任务实施2

重现嫩白肌肤。

任务目的

如图4-27左边的照片,可以看出图片整体颜色较暗,人物皮肤缺乏光泽度,嘴唇黯淡无光,不够红润,要对这些色彩上的不足进行修复。

任务分析

(1)使用"色相/饱和度"调整人物皮肤的暗淡。
(2)使用"色相/饱和度"和"钢笔工具"调整出人物粉红嘴唇的颜色。
(3)使用"色彩平衡"调整人物的红润皮肤。

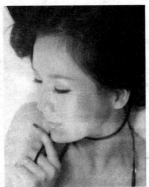

图4-27 照片调整对比效果

任务步骤

(1)打开校内资源包"\04\4.1.2\素材.jpg",发现图像中人物皮肤有些暗淡,不够水润光泽,滑嫩白皙,按 Alt+Ctrl+2 组合键,选取高光区域,按 Ctrl+J 组合键复制出新图层"图层1",效果如图4-28。

图 4-28　建立高光图层

（2）使用【图像】|【调整】|【色相/饱和度】命令，在打开的对话框中设置参数如图 4-29。观察到人物的皮肤亮了很多。

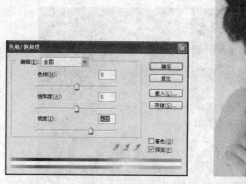

图 4-29　色相/饱和度参数设置和效果

（3）使用【图层】|【新建】|【图层】新建"图层 2"，使用 Ctrl+AlT+Shift+E 组合键创建盖印图层。

提示：

盖印图层就是在处理图像的时候将处理后的效果盖印到新的图层上，方便处理图片。

（4）使用钢笔工具将人物的嘴唇选取出来，并将其羽化，使用【图像】|【调整】|【色相/饱和度】命令提高嘴唇的饱和度，参数设置如图 4-30，调整唇色。

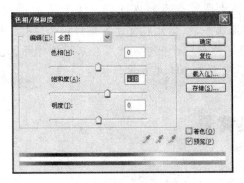

图 4-30 唇色调整参数

(4)使用【图像】|【调整】|【曲线】,调整红、绿、蓝通道的曲线,曲线调整参数和调整后效果如图 4-31,使图像中人物皮肤呈现更加细腻光泽的效果。

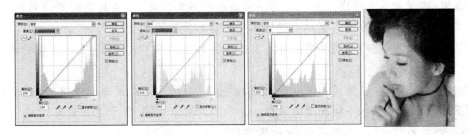

图 4-31 曲线调整参数和效果

(5)使用【图像】|【调整】|【照片滤镜】,使用【水下】滤镜,调整参数如图 4-32,得到更加水润的人物皮肤,即可实现如图 4-27 所示的完美肌肤效果。

图 4-32 照片滤镜调整参数

❀实战练习❀

我们已经欣赏了美工部晶晶的调整图像色彩色调的过程!现在到了大家正式上岗一试身手的时候了!

我校接到了一些色彩色调或是人物皮肤明暗不合适的照片修整任务,需要大家调整。请各"公司"合理安排任务,组织开展设计方案讨论会,确定最佳人选和方案,并抓紧实施。任务完成后,我们将请有关行业专家或客户来评价作品,大家加油吧!

具体素材位置为校内资源包"04\4.1练习\"。

任务二 抠图换背景

情境创设

"蒙娜丽莎"影楼接到一批照片处理任务,需要把人物图像抠出放入特定的背景中,影楼美工部组长双双把任务交给了员工晶晶。

双双:这里有一批杂志社委托我们拍摄的婚纱写真照片,需要放在特定的素材上,你把这些人物抠出放在给定的素材上吧!你先看看有什么问题吧!

晶晶:我刚看了一下,照片有杂乱头发的抠图和透明婚纱的抠图,正好是我的拿手好戏呀!

刘经理:是呀,摄影棚里的照片色彩环境能保证,就是背景经常需要换,才能更好地表现图片主题或者配合不同相册的风格。这批照片要求很高,你干活细致点!

晶晶:没问题,保证让您满意,让顾客满意!

任务理解

见表4-2。

表4-2 任务目标和技术要点

任务目标	技术要点
理解通道原理	通道的概念和使用方法
精确抠图	通道精准抠取复杂内容

知识储备

通道是指存储图像颜色和选区等不同类型信息的灰度图像,即用来制作和编辑选区的灰度图像。

通道是由红、绿、蓝三个颜色的黑白灰关系组成。

通道的黑白灰关系就是选区关系。选区的白色为可见,黑色为不可见,灰色为半透明。

◈ 技能储备 ◈

通道抠图的原理:通道抠图也是我们在抠图中经常用到的方法,使用通道抠图,主要利用图像的色相差别或者明度差别,配合不同的方法给我们的图像建立选区。在通道里,它是由黑、白、灰三种亮度来显示的,白色代表有,黑色代表无,不同的灰度就代表不同程度的透明。也可以这样说:如果我们想将图中某部分抠下来,就要做选区,在通道里就将这一部分调整成白。通道抠图可以抠取出复杂毛发、透明婚纱、玻璃杯等。

◈ 任务实施1 ◈

通道抠出杂乱头发。

◈ 任务分析 ◈

任务中的照片如图4-33左图比较特殊,发丝飞扬的头发非常飘逸,发丝边缘存在半透明状态,这样的抠图工作使用磁性套索工具或是其他抠图方法都无法完美解决,只能使用通道来完成类似复杂的抠图。实现较完美的抠图效果,如图4-33右图。

图4-33 通道抠出杂乱头发

◈ 任务步骤 ◈

(1)打开素材"04\4.2.1\素材"如图4-33左图所示,复制图层。进入通道面板,观察红、绿、蓝三个通道如图4-34三张图片的明度、对比度。找出头发和背景反差最大的蓝色通道。

图 4-34　红、绿、蓝三通道的明度

（2）复制一个"蓝副本"，如图 4-35 所示。

图 4-35　蓝色通道复制图层

（3）选中"蓝副本"通道，使用【像】|【调整】|【色阶】或点击 Ctrl+L 打开色阶对话框，调整图像中的灰度，使图像中头发与背景的对比更强烈，如图 4-36。

图 4-36　蓝副本通道色阶调整后

（4）使用【图像】|【调整】|【反相】或点击 Ctrl+I,效果如图 4-37。

图 4-37　反相效果

（5）将图像中人物除杂乱头发外需要保留的部分使用白色画笔涂抹,而大面积的背景部分用黑色画笔涂抹,效果如图 4-38。

图 4-38　白色画笔涂抹效果

（6）按 Ctrl 键同时单击"蓝副本"通道,将其白色区域载入选区,然后回到图层面板中的图层 2 中,效果如图 4-39。

图 4-39　载入选区效果

（7）点击 Ctrl+C,再点击 Ctrl+V,将飘逸长发的美女抠取出来,效果如图 4-40。

图 4-40　飘逸长发抠图效果

(8)如遇到长发末端不太醒目的情况，可以把飘逸长发的美女图层复制一遍，图层面板效果如图 4-41。

(9)打开校内资源包"2. jpg"和"3. jpg"素材，将抠出的图层合并后，放入两个素材图层中间，将上层图像混合模式设置为"柔光"，并将其透明度设置为 70%。图层面板效果如图 4-42，即达到最终效果，如图 4-33 右图。

图 4-41　复制美女面板效果　　　　图 4-42　合成效果图层面
　　　　　　　　　　　　　　　　　　　　　　　板效果图

图 4-43　婚纱素材和婚纱合成效果图

任务实施2

通道抠出半透明婚纱。

任务分析

在影楼美工的工作中,婚纱照片的抠取和合成是常见任务。婚纱照片的特殊之处是婚纱的半透明状态,这用以前学过的方法都是无法实现抠图的,晶晶马上想到通道可以完成这个任务。在通道中,灰度就代表不同程度的透明,正好可以帮助晶晶抠取半透明状态的婚纱。

任务步骤

(1)打开"04\4.2.3\素材"素材,进入通道面板,观察红绿蓝三个通道的明度对比度,选择要抠取的婚纱与背景反差最大的红色通道通道,并复制一个"红副本",如图4-44。

图4-44　通道面板

(2)用磁性套索工具把人物的主体选出来(头纱除外),填充成白色,如图4-45。

(3)用魔棒工具选中灰色背景,填充成黑色。这时,图像上只有黑色背景,白色人物,灰色头纱。白色是要选中的区域,灰色是半透明的区域,黑色是不需要的区域。如图4-46。

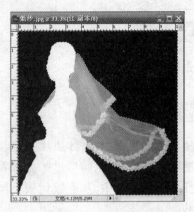

图 4-45　主体涂白　　　　　　　图 4-46　背景涂黑

(4) 按 Ctrl 键同时单击"红副本"通道,然后单击 RGB 通道,并回到图层面板中,如图 4-47。

图 4-47　返回图层面板

(5) 按 Ctrl+J 组合键把选区复制到图层 1,暂时关闭背景图层,可以看到人和半透明的头纱被抠出的效果,这是其他抠取方法无法实现的。效果如图 4-48。

(6) 打开"婚纱素材",把图层 1 的内容拖入并调整位置和大小即可得到最终效果如图 4-43 右图所示。

图 4-48　复制新图层

实战练习

　　我们已经欣赏了美工部晶晶精彩的抠图合成过程！现在到了大家正式上岗一试身手的时候了！

　　我校接到了一些抠图照片的合成任务，需要大家实现抠图合成。请各"公司"安排合适的任务，组织开展设计方案讨论会，确定最佳人选和方案，并抓紧实施。任务完成后，我们将请有关行业专家或客户来评价作品，大家加油吧！

　　具体素材和效果参考图位置为校内资源包"04\4.2 练习 1\""04\4.2 练习 2\"。

任务三　套用模板合成

情境创设

　　"蒙娜丽莎"影楼接到刘先生和李小姐的婚纱摄影任务，已经完成了调色等基本的照片处理，一对新人已经对样片进行了初选，选定了欧式轻奢风格和复古中国红风格。现在就需要选择合适的照片和模板，进行合成影集的内页。这个任务营销部白组长交给了美工部精英员工晶晶。

　　白组长：刘先生看了样片和我们提供的一些版式，已经确定风格主题，你就负责挑选合适的图片和模板把影集内页按风格设计一下！

　　晶晶：明白了，我手上刚好有几套合适的模板适合欧式白纱和喜庆中国红，我马上着手做，等做好了先拿给白组长您看一下，合适了我再把所有的影集内页完成！

白组长:好的,这对新人要求挺高的,要求欧式风格画面清新简单,复古风格红色正宗,做好了我先看看!

　　晶晶:没问题,保证让您满意,让顾客满意!

　　晶晶拿出以前的模板套用样图如图 4-49 的中式风格和如图 4-50 的欧式白纱风格的两种样图效果,白组长看后觉得满意,表示照此效果制作。

图 4-49　中式风格效果

图 4-50　欧式模板套用效果图

❀任务理解❀

见表 4-3。

表 4-3　任务目标和技术要点

任务目标	技术要点
快速选择选区	快速蒙版
图像无痕合成	图层蒙版
图像与形状的方便调整	剪贴蒙版

❀知识储备❀

蒙版并不是在图片上直接选区或擦除,而是在图片上增加一个遮挡。遮住的区域,图片就看不到了。图层蒙版就像是戴口罩、戴面具一样,希望不显示的地方就用蒙版给遮挡起来,想要它显示的时候,你还可以拿开遮挡或者减少遮挡面积。

❀技能储备❀

1.快速模板

功能:可以自由地使用画笔,在图片中涂抹形成的区域转化为选区。就可以方便自由的在快速蒙版状态下,使用画笔在图像上涂抹(效果如图 4-51 中图),退出快速蒙版状态时,涂抹部分就变为选区(效果如图 4-51 右图)。

特点:选择选区比较粗糙,选择要求较低。

图 4-51　快速蒙版选择选区

2. 形状蒙版

功能：使用矢量图的形状，也可以是文字的形状（如图 4-52 中的中图），来显示另一图层中的图片（如图 4-52 图中的左图），就可实现形状图像效果（如图 4-52 图中的右图）所示。

形状蒙版可以实现：形状 ＋ 图片＝形状图片。

特点：方便、操作简单、形状可变换，图片可缩放。

图 4-52　形状蒙版实现效果

3. 图层蒙版

功能：在上下两图层中，对上层图层（如图 4-53 中的中图）添加图层蒙版，图层蒙版中使用黑白灰来控制本层图片信息的显示内容，以显示下层图层（如图 4-53 中的左图）的内容，实现两图层的融合（如图 4-53 中的右图）所示。

特点：蒙版中的黑色代表蒙上图片信息，白色代表露出图片信息，灰色代表半透明。能实现两个图层图片的自然融合。

图 4-53　图层蒙版融合效果

❀任务实施❀

1. 快速模板美白肌肤

（1）打开校内资源包"04\4.3.1\素材"，显示需要进行美容去斑处理的美女照片，双击工具栏背景和背景下方的"以快速蒙版模式编辑"按钮，在弹出的"快速蒙版选项"中，将色彩指示选为被蒙版区域，颜色为绿色，不透明度为 40%。参数设置如图 4-54。

图 4-54　快速蒙版设置

（2）使用工具栏中的画笔工具对人物皮肤进行涂抹，注意不要涂到皮肤以外的区域，如果多涂可以使用橡皮擦拭。唇部和脸部涂抹细节涂抹如图 4-55。

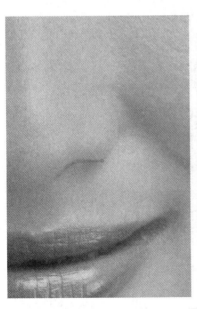

图 4-55　画笔涂抹效果

（3）按快捷键 Q 回到"以标准模式编辑"，再按 Ctrl+Shift+I 组合键反选，得到人物脸部的选区（效果如图 4-56），按 Ctrl+J 组合键复制选区内容到新的图层上。

图 4-56　人物脸部选区效果

　　（4）接着对选区内容所在图层执行【滤镜】|【锐化】|【USM 锐化】处理，将锐化数量设为 10% 左右，半径为 4.2 像素，阈值为 2 色阶，参数设置和效果如图 4-57。

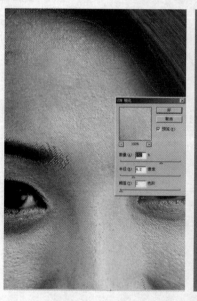

图 4-57　锐化参数和使用效果图

　　（5）下面再执行【滤镜】|【模糊】|【高斯模糊】命令，将模糊半径设为 6.6 像素左右，效果如图 4-58。

　　（6）降低该层的不透明度至 85% 左右，然后再按 Ctrl+L 组合键调整色阶，参数设置如图 4-59。

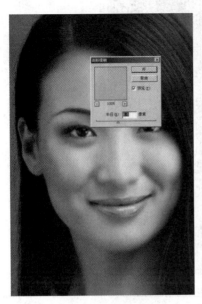

<table>
<tr><td>图 4-58　模糊效果图</td><td>图 4-59　色阶调整参数</td></tr>
</table>

（7）按 Ctrl+E 组合键合并图层，再按 Ctrl+J 组合键复制一层，将该层的混合模式设为"滤色"，不透明度降至 40% 左右，再对该层执行 USM 锐化处理，效果如图 4-60。

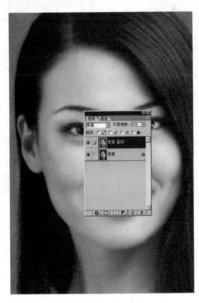

<table>
<tr><td>图 4-60　混合模式调整效果</td><td>图 4-61　色彩平衡调整效果</td></tr>
</table>

（8）再次合并图层，然后按 Ctrl+B 组合键对色彩平衡进行调整（参数设置如图 4-61）。完成后的效果图如 4-62，美容去斑后的皮肤光滑细腻，美观多了。

图 4-62　美容祛斑最终效果

2. 蒙版套用模板

(1)打开校内资源包"04\4.3.2\素材"如图 4-63,包含模板和三张照片。

图 4-63　模板套用素材

(2)图层蒙版的制作:将婚纱模板放在下边图层,要进行处理的合成图像放在上边图层。选择要操作的图像图层,在其所在的图层面板下方,选择图层面板下方的添加蒙版按钮 ⬚ ,即可建立图层蒙版。此时图层信息右边多了一个方框 👁 🖼 ☐ 婚纱照 ,这个方框就是图层蒙版。

蒙版中的白色代表蒙版没有遮盖住图层(效果如图 4-64 左图)。选中蒙版,使用黑色画笔在图片中涂抹 👁 🖼 ◼ 婚纱照 ,被蒙版中黑色部分涂抹过的部分图像就会被掩藏,效果如图 4-64 右图。

图4-64 蒙版为白色和黑色的图像显示效果

（3）选中婚纱素材合成图片，对其添加圆形蒙版，使用黑白灰的渐变 ，不断调整显示内容区域和大小，展示蒙版的方便之处。即可得到如图4-65的融合效果。

图4-65 图层蒙板效果　　　　图4-66 形状蒙版效果

蒙版中的黑色——遮盖图层信息。蒙版中的白色——未遮盖，显示图层信息。

（4）形状蒙版的制作。下边我们就可以制作如图4-66所示的形状蒙版。要制作绘制形状，需要将形状所在图层放在下边图层，形状中要显示的图层放在上边，按住"Alt"键，当鼠标变作上下双圆交叉时，点击鼠标，　　　　　　，即可完成形状蒙版的制作。这时可对要显示的图层进行大小和位置的变化。

（5）重复形状图层的制作，完成作品如图4-67。

图4-67 作品效果图

❀ 实战练习 ❀

我们已经欣赏了美工部晶晶的套用模板合成影集内册的过程！现在到了大家正式上岗一试身手的时候了！

我校接到了一些照片套用模板任务，风格模板和基本调色素材已经为大家准备好了，需要大家制作。请各"公司"安排合适的任务，组织开展设计方案讨论会，确定最佳人选和方案，并抓紧实施。任务完成后，我们将请有关行业专家或客户来评价作品，大家加油吧！

具体素材和效果参考图位置为校内资源包"04\4.3 练习\"。

❀ 综合实训 ❀

大家已经学习了影楼美工的生存技能，包括照片的调色和特殊色调的制作，照片中复杂内容例如杂乱头发和透明婚纱的抠图，以及模板的套用。

下边我们就通过完整的实例对大家的掌握情况进行考核，看大家是否已经具备影楼美工的技能素质。

在校内资源包"04\综合实训"文件夹中，有四种主题，分别是宫廷、古典、喜庆、欧式主题，和一些模板。请各"公司"根据分配任务对这些样片进行调色、组合。模板素材也可根据自己"公司"的设计独立制作或是上网搜索。

考核标准见表4-4。

表4-4　考核标准

"公司"名称	选择风格	完成度	完成效果	评价

项目五　职业岗位领域——平面设计员

岗位职责

随着社会的发展,市场的开放,人人都可以创业。这样,一些小型的企业也越来越多。而大家的个性化需求要求平面设计员能够给出不同的设计方案。平面设计员的工作是把文字、照片或图案等视觉元素加以适当地影像处理及版面安排。下面所列是平面设计员的有关工作要求。

工作职责

1.能够准确理解客户需求,具备独立思考的能力。

2.根据客户诉求,可独立完成部分创意设计思路。

3.合理工作时间内完成设计工作。

4.具备较强的美术功底与审美能力。

职位要求

1.熟练掌握相关平面设计软件:Photoshop、AI/CorelDRAW、AE(初级,动态海报)。

2.亲和力强,安静、细心、温暖、有责任感。

3.审美品位好,对色彩、修图有自己的独到见解。

4.勤于学习,可以在重复性的工作中保持稳定的状态。

工作内容

1.对 logo 设计、字体设计、创意分镜设计有较强的功底。

2.熟悉画册、海报、宣传页、折页、VI 形象设计,精通印刷流程及基本知识,并能独立完成设计工作,对设计潮流把握准确。

3.具有较高的艺术设计能力和美术功底,有一定的策划能力、丰富的设计案例和成功作品。

任务一　画笔的应用

情境创设

"胡杨树"广告设计公司接到一家"悠奕"服装店老板孙女士的广告任务。刘经理把客户的想法和设计人员晶晶进行了交流。

刘经理:孙老板的女装店需要设计一款春装上市海报。她不想随便从网上找张图片,想让我们设计一张清新的海报。

晶晶:那我就用嫩绿色为主色,加些小气泡,再加些简单的文字突出主题,可以吗?

刘经理:行呀,时间很紧,你下午能设计出来吗?

晶晶:没问题,用画笔就可以轻松搞定。下午保证完成任务!

任务理解

见表5-1。

表5-1　任务目标和技术要点

任务目标	技术要点
气泡形状	自定义画笔
丰富自然的气泡效果	画笔预设

知识储备

1.画笔工具

Photoshop 中的画笔可以模仿现实生活中的毛笔、水彩笔等进行绘画,不同的设置可以绘画出不同的效果。所以,在使用画笔工具前,我们要对画笔工具的属性栏或画笔面板进行设置,才能达到我们想要的效果。画笔工具属性栏如图5-1所示。

(1)笔刷:在此选项中可选择笔刷的主直径和硬度。

(2)模式:绘画时的颜色与当前图像颜色的混合模式。

(3)不透明度:使用画笔绘图时所绘颜色的不透明度。值越大,所绘出的颜色越深。反之则越浅。

(4)流量:使用画笔工具绘图时所绘颜色的深浅。

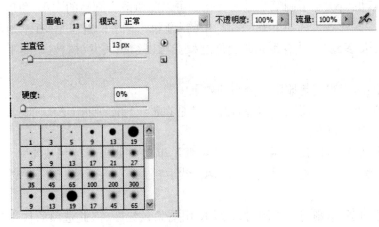

图 5-1　"画笔工具"属性栏

2. 画笔面板

画笔工具面板如图 5-2 所示。

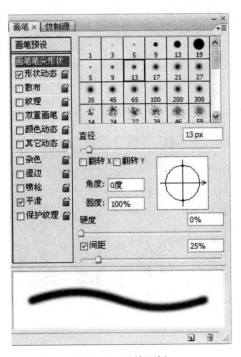

图 5-2　画笔面板

（1）画笔预设：可以选择画笔的形状、设置画笔的主直径、预览画笔的描边效果。

（2）画笔笔尖形状：由许多单独的画笔笔迹组成。可以设置画笔笔尖的直径、硬度、间距、角度 和圆度等。

（3）形状动态：决定了画笔笔迹的变化。可以随机改变画笔的大小、角度及圆度的变化。要注意"大小抖动"选项下方"控制"中的"渐隐"，渐隐的意思是"逐渐地消隐"，指的是从大到小、从 多到少、从有到无的变化过程。可以绘制头发、树枝、眼睫毛等从粗到细的线条。

（4）散布：可以得到笔刷随机分布的效果。

（5）纹理：可以利用图案使描边看起来像是在带纹理的画布上绘制的一样，调整前景色可以改变纹理的颜色。

（6）双重画笔：可以使用两个笔尖创建画笔笔迹。如果要使用双重画笔，首先应在"画笔笔尖形状"选项设置主要笔尖的选项，然后再从"双重画笔"部分中选择另一个画笔笔尖。

（7）颜色动态：笔刷进行绘制时，默认使用前景色绘图，但此选项的作用是将颜色在前景色和背 景色之间变换，再配合"色相/饱和度"设置，可以得到五彩缤纷的颜色。

（8）其它动态：用来确定油彩在描边路线中的改变方式。

（9）杂色：可以为个别的画笔增加额外的随机性。当应用于柔画笔笔迹（包含灰度值的画笔笔尖）时，此选项最有效。

（10）湿边：可以沿画笔描边的边缘增大油彩量，并创建水彩效果。

（11）平滑：在画笔描边中生成更平滑的曲线。

（12）保护纹理：将相同图案和缩放比例应用于具有纹理的所有画笔预设。

技能储备

1. 画笔设置实例：秋日落叶（图5-3）

图5-3　最终效果图

（1）按 Ctrl+N 键，新建一个大小为 1024 像素×768 像素，分辨率为 72 像素/英寸，色彩模式为 RGB 的文件。

（2）把前景色设置为# b9e6f9 的浅蓝色，把背景色设置为# 5ea6f7 的蓝色，选择渐变工具，设置线性渐变，在背景层上从上向下拖拽，效果如图5-4。

图 5-4　绘制的蓝天效果

（3）新建一个图层，把前景色设置为白色，选择画笔工具，选择形状为"柔边圆"，设置到合适大小，在图层上画出云朵的效果，如图5-5。

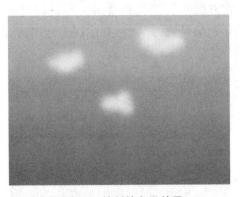

图 5-5　绘制的白云效果

（4）新建一个图层，把前景色设置为#944e02，选择画笔工具，选择形状为"硬边圆"；设置到合适大小，在图层右侧画出树干的效果，如图5-6。

图 5-6　树干的最初效果

（5）选择加深工具，在树干的边缘上涂抹，画出立体的效果，如图5-7。

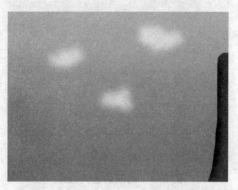

图5-7 树干的立体效果

（6）新建一个图层，把前景色设置为#fae009黄色，背景色设置为#f2401d橙色，选择画笔工具，选择形状为"散布枫叶"，设置到合适大小，打开【画笔】面板，调整【颜色动态】，把前景/背景抖动的参数值设置为50%，在图层上画出树冠的效果。再随手点一些飘落下来的树叶，如图5-8。

图5-8 树叶的效果

（7）新建一个图层，把前景色设置为#23f623绿色，背景色设置为#097420绿色，选择画笔工具，选择形状为"草"，设置到合适大小，打开【画笔】面板，调整【颜色动态】，把前景/背景抖动的参数值设置为50%，色相抖动设置为0，在图层上画出草地的效果，如图5-9。

图5-9　草地的效果

（8）把小草的图层和树叶的图层位置对调一下，得到飘落的树叶落在草地上的效果，最终的效果如图5-10。

图5-10　最终效果

2. 自定义画笔：幻彩背景（图5-11）

虽然 Photoshop 中提供了许多的画笔形状，但还是不能满足所有的需求。当然，我们可以利用自定义的方法得到我们所需要的画笔形状。

自定义画笔主要是创建特定的选区，在定义画笔时，只能保存颜色的明度，而跟色相无关。定义出的画笔，黑色是显示的，白色是透明的，不同的灰度表示都是半透明的。所以，在定义画笔时，最好用黑白灰的颜色，在使用画笔时再选择前景色就可以了。

下面我们用一个例子来演示自定义画笔的过程。

图 5-11 最终效果图

（1）按 Ctrl+N 键，新建一个大小为 1024 像素×768 像素，分辨率为 72 像素/英寸，色彩模式为 RGB 的文件。设置背景色为# 302f2f 的深灰色，填充背景色。

（2）新建图层，隐藏背景层，用椭圆选区绘制一个正圆，然后选择【编辑】菜单下的填充和描边命令，用 50% 的黑色填充，用内部描边的方法和黑色描边。得到如图 5-12 所示效果。

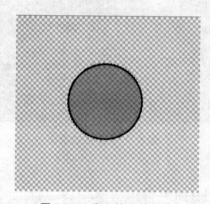

图 5-12 定义的画笔形状

（3）选择【编辑】菜单下的【定义画笔预设】，把选区定义成一个画笔形状，选择画笔工具，形状列表的最下方就会出现，如图 5-13。

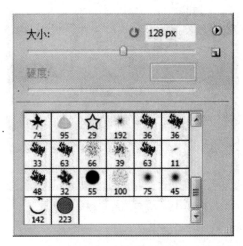

图 5-13 画笔形状列表

（4）打开画笔面板，设置画笔的间距、形状动态、散布、传递等属性，如图 5-14。

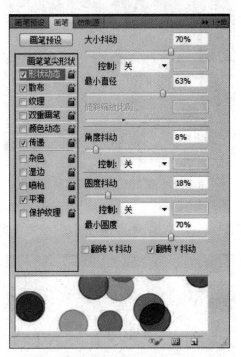

图 5-14 画笔预设面板参数的设置

（5）新建组，把组的混合模式调整为"颜色减淡"。然后在组里新建图层，用设置好的画笔在图层中涂抹。对图层执行【滤镜】|【模糊】中的【高斯模糊】命令，模糊半径为 8，如图 5-15。

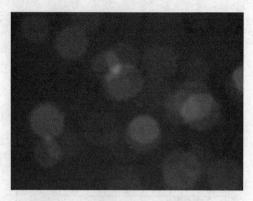

图5-15 应用画笔后模糊的效果

(6)在组里再新建一个图层,把画笔直径调小一点,在图层中涂抹。对图层执行【滤镜】|【模糊】中的【高斯模糊】命令,模糊半径为4,如图5-16。

图5-16 第二组画笔模糊后的效果

(7)重复(6)的操作,再画一组圆圈,不需执行模糊,效果如图5-17所示。

图5-17 第三组画笔绘制的效果

（8）在组的上方新建一个图层,用渐变填充工具填充一个深蓝-橙-玫红-黄的线性渐变,把图层的混合模式调整为"叠加",得到如图5-18效果。

图5-18　最终效果图

※ 任务分析 ※

（1）背景中斑驳的黄色阳光。
（2）自定义泡泡画笔。
如图5-19所示。

图5-19　最终效果图

※ 任务步骤 ※

（1）按Ctrl+N键,新建一个大小为1024像素×768像素,分辨率为72像素/英寸,色彩模式为RGB的文件。设置背景色为#3ce31c的绿色,填充背景色。

（2）新建图层，把前景色设置为＃fafd0e 的黄色，选择画笔工具，设置大小为400，形状为柔边圆形，不透明度为60％，在图层上轻点或涂抹，如图5-20 所示。

（3）新建一个图层，并把其他图层暂时隐藏。用椭圆选框工具在图层上绘制一个正圆选区。然后把前景色设置为黑色，用适合大小的画笔在选区边缘处涂抹，得到如图5-21 的效果。

图5-20 画笔涂抹后的效果

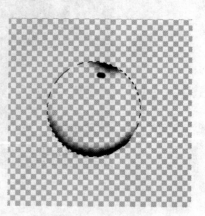

图5-21 绘制的画笔形状

（4）选择【编辑】|【定义画笔预设】，把选区内的图像定义成一个名为"泡泡"的画笔形状，如图5-22。

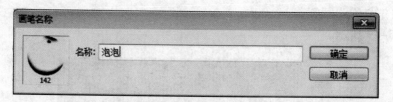

图5-22 命名定义的画笔

（5）把前景色设置为白色，选择画笔工具，在形状列表中选择刚才定义的画笔，然后打开【画笔】面板，如图5-23。

（6）为了让画笔在图层上画出丰富自然的泡泡效果，第一步，调整大小和间距，使泡泡处于完全离散的状态。第二步，需要调整【形状动态】，把大小抖动的参数修改为70％左右。第三步，需要调整【散布】，勾中【两轴】，把散布的参数修改为1000％左右。第四步，需要调整【传递】，把不透明度抖动的参数修改为80％，如图5-24（a）（b）。关闭画笔面板，在图层上连续涂抹，就可以得到如图5-25 所示的效果。

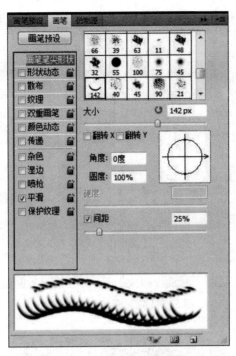

图 5-23 画笔预设面板

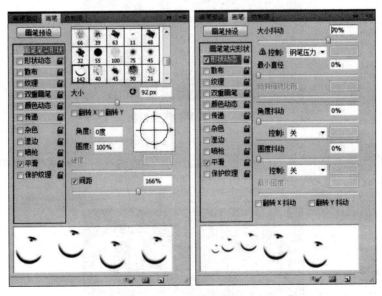

图 5-24(a) 画笔预设的参数

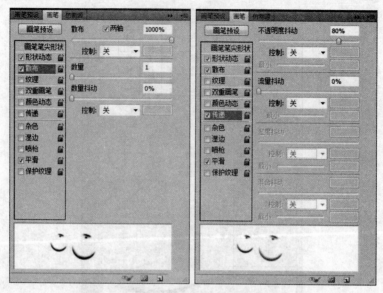

图 5-24(b)　画笔预设的参数

图 5-25　绘制的气泡效果

（7）选择文字工具，输入"spring is coming……"，然后通过字符面板，调整字体，得到如图 5-26 的效果。

图 5-26　文字的设置

（8）再用文字工具输入广告语，如图5-27。

图5-27　添加店招文字的效果

　　（9）打开一张花朵的素材，拖拽到文件中，用魔棒删除白色背景，调整好大小和方向，放在左上角修饰，效果如图5-28。

图5-28　添加装饰图片的效果

实战练习

　　我们已经欣赏了设计师晶晶绘制海报的全过程！现在到了大家正式上岗一试身手的时候了！

　　我校还接到了化妆品店的单子，店主也是需要我们设计一张时尚的海报。请各"公司"安排合适的任务，组织开展设计方案讨论会，确定最佳人选和方案，并抓紧实施。任务完成后，我们将请有关行业专家或客户来评价作品，大家加油吧！

　　具体素材位置为校内资源包"05\5.1练习\"。

任务二　图层的应用

"胡杨树"广告设计公司接到"永盛"超市老板王先生的广告任务。刘经理把客户的想法和设计人员晶晶进行了交流。

刘经理:王老板的超市要开业了! 他想让我们帮忙做一张食品促销广告。

晶晶:行呀! 那我就多找些素材,利用图层丰富的样式效果,把人们的食欲激发出来。我抓紧时间做出来,争取明天把文件用 QQ 发给您。

刘经理:好,我先看看效果怎么样。

晶晶:没问题,保证让您满意,让顾客满意!

任务理解

见表 5-2。

表 5-2　任务目标和技术要点

任务目标	技术要点
倒影和水滴	图层的透明度和混合模式
字牌	图层的样式

知识储备

1. 图层的概念

在 Photoshop 中,可以把图层理解为类似"透明薄膜"的东西。在绘图的过程中,我们可以独立地把每一个需要修改的部分画在一张透明薄膜上,然后把它们排列好顺序并叠在一起,最后呈现给我们的就是一幅完事的作品了。

2. 图层的类型

在 Photoshop 中,图层一共有 5 种类型。

(1)背景图层。背景图层位于文件的最下方,每新建一个文件或打开一个文件,都会只有一个背景图层。这类图层不可设置合成模式和不透明度,不可移动,不可设置图层样式和混合模式。

(2)文字图层。使用文字图层工具输入文字后会自动生成文字图层。在文字图层缩略图前有"T"标志。在文字图层状态下,还可以通过文字工具属性栏对文字进行修改和编辑,但许多命令需要转换成普通图层才可以执行。

(3)形状图层。形状图层是同由钢笔工具和矢量绘图工具在其工具属性栏中单击"形状图层"按钮时创建的。形状图层实际上是图层蒙版的一种,它向图层中填充适当的颜色并创建一个图形区域,只有图层蒙版区域才会显示出填充到图层中的颜色。用户可以对图层蒙版设置相应的混合模式,还可以像编辑一般路径那样,调整节点的位置和平滑效果,从而改变图层蒙版的形状。

(4)普通图层。打开"图层"面板或执行"图层"菜单下的"新建"命令创建的都是普通图层。普通图层可以执行所有的操作。

(5)调整图层。调整图层是用一个新的图层来调整下层图像整体的颜色,不会影响原图像,方便后期的修改。

3.图层的高级操作

(1)多个图层的选择:Photoshop 中多在进行移动及变换时为了方便操作而使用。

选择多个连续图层:先选择一个图层,然后按住 Shift 键的同时,单击图层面板中需要选择的另一个图层,两个图层间所有图层将被选中。

选择多个不连续的图层:按住 Ctrl 键,逐个单击图层面板中需要选择的图层即可,如图 5-29。

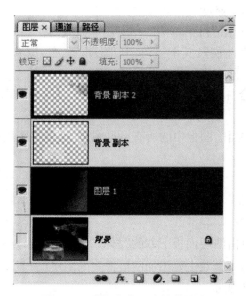

图 5-29　选择多个不连续的图层

(2)图层的链接:多个图层在进行移动或变换操作时,容易重复选择,所以,Photoshop中提高了图层链接功能。多个图层链接后,无论移动链接中的哪个层,其余的层都会随之移动。操作时,选择需要链接的多个图层,再单击图层面板下方的"链接图层"按钮即可。当要取消某层的链接时,选中该层后,单击一下"链接图层"按钮,当前层即可取消链接。如图 5-30。

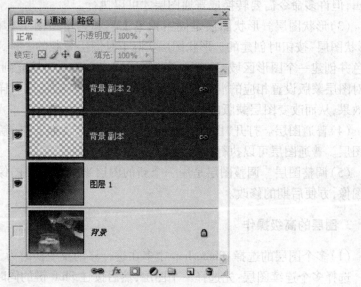

图 5-30　图层的链接

（3）图层的合并：图像中的图层越多，会占用的磁盘空间越大，因此，可以将已完成操作的图层合并，以提高操作速度。

要合并图层，可单击【图层】菜单中的相应命令完成。

①向下合并：合并当前层及其下一层，其他图层不变，按 Ctrl+E 组合键。合并图层时，要合并的图层必须设置为显示状态。

②合并可见图层：合并所有可见图层，隐藏的图层将不受影响，按 Shift+Ctrl+E 组合键。

③拼合图像：可合并当前图像中的所有可见图层，而隐藏图层将被丢失。

4. 图层样式

（1）图层样式的添加。我们主要通过【图层样式】对话框来添加图层样式，也可以在【样式】调板中选择预置样式。

首先选中层，然后单击图层面板下方的"样式" fx. 按钮，从弹出的菜单中选择需要添加的样式；或者用鼠标左键双击要添加图层样式的图层（背景层除外），也可弹出【图层样式】对话框，如图 5-31 所示。

在左侧的样式列表中选中多个复选框，可以添加多种图层样式，从而实现多姿多彩的图层效果。单击相应选项，可以设置该样式的具体参数。

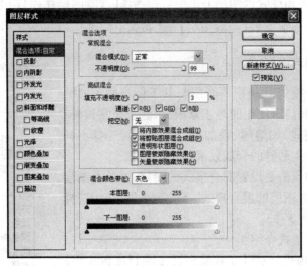

图 5-31　【图层样式】对话框

（2）图层样式的编辑。

①图层样式的复制。选择已添加过样式的图层，单击右键选择【拷贝图层样式】命令，再在其他需要应用此样式的图层上单击右键，选择【粘贴图层样式】即可进行图层样式的复制。

②图层样式的显示与隐藏。添加图层样式后，在图层调板的样式层中点击样式左边的眼睛图标，即可显示或隐藏样式，效果如图 5-32。

图 5-32　添加了图层样式的图层

③图层样式的清除。图层样式添加后，可以清除多余样式。

操作时,在已添加样式的图层上单击右键选择【清除图层样式】命令或直接拖拉要清除的样式到图层面板下方的【删除图层】 按钮上即可。

5.图层混合模式简介

所谓图层混合模式就是指一个层与其下图层的色彩叠加方式,在这之前我们所使用的是正常模式,除了正常以外,还有很多种混合模式,如溶解、叠加、正片叠底等,选择不同的混合模式可以产生迥异的合成效果。

在图层调板中点击要设置混合模式的图层,再单击图层调板左上角的"设置图层的混合模式"下拉列表框,从中选择所需模式即可,如图 5-33。

几种常用混合模式介绍:

(1)变暗混合模式:包括【正片叠底】【变暗】【颜色加深】【线性加深】。

【正片叠底】最为实用,因为可以经常拿它来复合图像、去掉白色或者对比度强的细节和修正过度的曝光。

应用1:任意颜色同黑色【正片叠底】后,会产生黑色;任意颜色同白色【正片叠底】后,则不会发成变化。所以,如果想将图像和手写的字或者画的直线复合到一起,把白色区域抹去时,就得用到【正片叠底】。

应用2:解决曝光过度,复制图层,在副本上使用正片叠底,接着在过亮的区域设置色调和颜色的密度,即可快速修正曝光过度的图像。如果修正过度,就减少副本的不透明度。如果修正不足,就再拷贝一张继续叠加。

图 5-33　图层的混合模式

【变暗】将底色或混合色中较暗的颜色作为结果色使用。在像素相同的图层副本上使用无效。

【颜色加深】使底色变暗或增加其饱和度。

【线性加深】通过降低亮度使底色变暗。

(2)变亮混合模式:包括【滤色】【变亮】【颜色减淡】【线性减淡】。

这一组混合模式和上一组功能完全相反。【滤色】和【正片叠底】相对。所以【正片叠底】是为了修正曝光过量,【滤色】可以修正曝光不足。

【滤色】变亮混合模式中最有用的。它是选区黑色背景上的对象(例如烟花)的一个简便易行的方法。

(3)对比度混合模式:包括【叠加】【强光】【柔光】【亮光】【线性光】【点光】【实色混合】。

这些混合模式可以增加对比度。

【叠加】可使暗区变暗,亮区变亮,从而达到增加对比度的效果。

【强光】也可增加对比度,其效果比叠加更强。

【柔光】较柔和。

其他的叠加模式很少用。

(4)颜色混合模式:包括【色相】【饱和度】【颜色】【亮度】。

这些混合模式可以影响图像的色相、饱和度和色调。

给黑白图像着色,经常用到这些叠加模式。

(5)比较混合模式:包括【排除】【差值】。

【排除】可制作颜色反转效果。黑色像素不会影响下一层图层;白色像素可以反选下一层图像;灰色像素可以根据自身亮度,部分地反选下一层图像。

【差值】在校正图像的颜色时,可以用它来确定中性灰。

技能储备

1. 制作一张桌面壁纸(效果如图5-34)

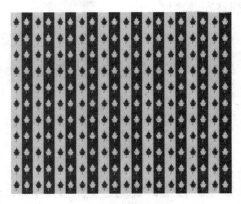

图5-34 壁纸效果图

(1)按 Ctrl+N 键,新建一个大小为1000像素×800像素,分辨率为72像素/英寸,色彩模式为 RGB 的文件。设置背景色为#06af0a 的绿色,填充背景色。

(2)新建图层,把前景色设置为#fbed09 的黄色,在最左侧绘制一个50像素×800像素的黄色矩形,如图5-35所示。

(3)选择移动工具,按下 Alt 键的同时,拖拽黄色矩形向右复制9个。这时图层会自动复制9个。

图 5-35　在背景色上绘制一个黄色矩形

（4）在图层面板中按住第一个黄色矩形的图层，再按下 Shift 键的同时单击最后一个图层副本，可以连续选择所有黄色矩形。然后在窗口上方的属性栏中单击"水平居中分布"按钮，把黄色矩形排列整齐，如图 5-36。

图 5-36　复制黄色矩形并均匀分布

（5）单击【图层】菜单中的【合并图层】命令，所有选中图层只保留最上方图层名字，所有图层上的像素都显示在当前图层上，如图 5-37。

（6）新建图层，选择自定义形状工具，用填充像素的模式，选择叶子的形状，在图层左上方的绿色背景上画一个黄色的小叶子，如图 5-38。

图 5-37　合并图层后

图 5-38　绘制一个黄色树叶

（7）用上述（3）～（5）的方法复制小叶子，得到效果如图 5-39。

图 5-39　在垂直方向复制树叶

（8）重复（3）～（5）的方法复制小叶子，得到如图 5-40 效果。

图 5-40　在水平方向复制树叶

（9）按下 Ctrl 键的同时，单击所有黄色叶子的图层的缩略图，得到黄色选区，然后新建图层，用背景色填充，然后用移动工具把绿色的叶子移动到黄色背景上。

2. 两张混合模式的制作方法

白色背景和黑色背景的图片混合效果分别如图 5-41、图 5-42。

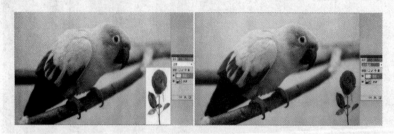

图 5-41　白色背景的图片混合后的效果对比

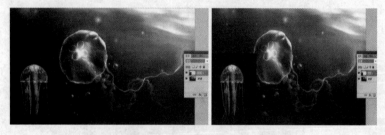

图 5-42　黑色背景的图片混合后的效果对比

任务分析

任务效果如图 5-43。

图 5-43　任务效果图

任务实施

（1）按 Ctrl+N 组合键，打开【新建】面板，在预设中选择"国际标准纸张"，大小选择

A4, 分辨率为 72 像素/英寸, 色彩模式为 RGB 的文件。选择【图像】|【图像旋转】|【90°（顺时针）】。

（2）设置前景色为#fadb06 的亮黄色, 填充背景图层, 如图 5-44 示。

图 5-44　填充背景色

（3）打开校内资源包素材"水滴.jpg", 把图像拖拽到文件中, 调整大小。然后把图层的混合模式改为"正片叠底", 如图 5-45。

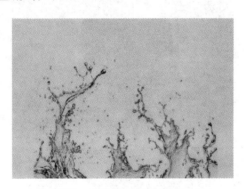

图 5-45　水滴图片混合后的效果

（4）打开校内资源包素材"果蔬.jpg", 拖拽到文件中, 用魔棒工具把白色背景删除, 效果如图 5-46。

图 5-46　添加果蔬图片后的效果

（5）复制果蔬图层，垂直翻转图像，并把图层的透明度调整为40%，效果如图5-47。

图5-47　添加倒影的效果

（6）新建图层，设置前景色为#3a9047的绿色，选择矩形选区工具，绘制一个大小适合的长方形。为图层添加阴影和斜面浮雕样式，效果如图5-48。

图5-48　添加绿色标牌的效果

（7）复制3个图层，调整颜色和位置，并在其上面输入文字，效果如图5-49。

图5-49　添加四个文字标牌后的效果

（8）新建图层，用多边形套索工具在左上角绘制出一个不规则的四边形，设置前景色为红色并填充，然后添加阴影样式。在该图层下方新建一个图层，再绘制一个三角形，填充一个稍浅的红色,然后添加阴影样式。效果如图5-50。

图5-50　添加红色折纸效果

(8)最后,用背景的黄色在红色的折纸效果上方输入"永盛超市"的字样,即达到最终效果如图5-43。

实战练习

我们已经欣赏了设计部晶晶精彩的设计过程!现在到了大家正式上岗一试身手的时候了!

我校接到了一则广告设计任务,是一个玩具店的年中促销广告,需要大家实现。请各"公司"安排合适的任务,组织开展设计方案讨论会,确定最佳人选和方案,并抓紧实施。任务完成后,我们将请有关行业专家或客户来评价作品,大家加油吧!

具体素材和效果参考图位置为校内资源"05\5.2练习\"。

任务三　滤镜的奇妙效果

情境创设

"胡杨树"广告设计公司接到一家房屋中介公司程经理的广告任务。刘经理把客户的想法和设计人员晶晶进行了交流。

刘经理:晶晶,国庆节不是快到了吗?程经理今天来,主要是想让我们给他们"尚好家"房屋中介公司设计一个烟火版的logo,方便他们用在自己的网站上。

晶晶:行呀!我可以试着用滤镜为他们做一个原创的烟火文字,既色彩绚丽,又醒目特别!我抓紧时间做出来,争取明天把文件用QQ发给您。

刘经理:好,我先看看效果怎么样。

晶晶:没问题,保证让您满意,让顾客满意!

任务理解

见表5-3。

表5-3 任务目标和技术要点

任务目标	技术要点
点状文字	画笔面板设置
烟花效果	极坐标和风滤镜

知识储备

滤镜是 Photoshop 中制作特殊效果的重要手段,每个滤镜命令都有其独特的效果,能实现某种独特的特效。在安装 Photoshop 时自带的滤镜称为内置滤镜,需要单独安装的滤镜称为外挂滤镜。滤镜主要具有以下特点:

(1)滤镜只能应用于当前可视图层,且可以反复应用,连续应用。但一次只能应用在一个图层上。

(2)滤镜不能应用于位图模式,索引颜色和 48 bit RGB 模式的图像,某些滤镜只对 RGB 模式的图像起作用,如 Brush Strokes 滤镜和 Sketch 滤镜就不能在 CMYK 模式下执行。还有,滤镜只能应用于图层的有色区域,对完全透明的区域没有效果。

(3)有些滤镜完全在内存中处理,所以内存的容量对滤镜的生成速度影响很大。

(4)有些滤镜很复杂,或者要应用滤镜的图像尺寸很大,执行时需要很长时间,如果想结束正在生成的滤镜效果,只需按 Esc 键即可。

(5)上次执行的滤镜将出现在滤镜菜单的顶部,可以按 Ctrl+F 组合键对图像再次应用上次执行过的滤镜效果。

(6)如果在滤镜设置窗口中对自己调节的效果感觉不满意,希望恢复调节前的参数,可以按住 Alt 键,这时取消按钮会变为复位按钮,单击此钮就可以将参数重置为调节前的状态。

技能储备

1. 风格化滤镜

可以强化图像的色彩边界,最终营造出的是一种印象派的图像效果。下边我们执行同一个图片作为原图,来看一下各种风格化的滤镜的效果,如图5-51。

图 5-51　风格化滤镜

（1）查找边缘滤镜：用深色线条来勾画图像的边缘，得到图像的大致轮廓。

（2）等高线滤镜：类似于查找边缘滤镜的效果，主要作用是勾画图像的色阶范围。

（3）风滤镜：在图像中颜色差别大的边界上增加细小的水平短线来模拟风的效果。其中参数风、大风和飓风分别表示水平拉线的长短，也就是图像变形的程度。

（4）浮雕效果滤镜：生成凸出和浮雕的效果，对比度大的图像浮雕的效果更明显。

其中参数角度为光源照射的方向,高度为凸出的高度。

(5)扩散滤镜:搅动图像的像素,产生类似透过磨砂玻璃观看图像的效果。

(6)拼贴滤镜:将图像按指定的值分裂为若干个正方形的拼贴图块,并按设置的位移百分比的值进行随机偏移。其中参数拼贴数:设置行或列中分裂出的最小拼贴块数。

(7)曝光过度滤镜:使图像产生原图像与原图像的反相进行混合后的效果。(注:此滤镜不能应用在 Lab 模式下)

(8)凸出滤镜:将图像分割为指定的三维立方块或棱锥体。(注:此滤镜不能应用在 Lab 模式下)。

(9)照亮边缘滤镜:使图像的边缘产生发光效果。(注:此滤镜不能应用在 Lab、CMYK 和灰度模式下)

2. 画笔描边滤镜

主要模拟执行不同的画笔和油墨进行描边创造出的绘画效果。(注:此类滤镜不能应用在 CMYK 和 Lab 模式下),下边我们执行同一个图片作为原图,来看一下各种画笔描边的滤镜的效果。如图 5-52。

原图	成角的线条	墨水轮廓
喷溅	喷色描边	强化的边缘
深色线条	烟灰墨	阴影线

图 5-52　画笔描边滤镜

（1）成角的线条滤镜：执行成角的线条勾画图像。其中参数方向平衡可以调节向左下角和右下角勾画的强度,线条长度用来控制成角线条的长度。

（2）喷溅滤镜：创建一种类似透过浴室玻璃观看图像的效果。其中参数喷色半径为形成喷溅色块的半径,平滑度表示为喷溅色块之间的过渡的平滑度。

（3）喷色描边滤镜：执行所选图像的主色,并用成角的,喷溅的颜色线条来描绘图像,所以得到的与喷溅滤镜的效果很相似。

（4）强化的边缘滤镜：将图像的色彩边界进行强化处理,设置较高的边缘亮度值,将增大边界的亮度;设置较低的边缘亮度值,将降低边界的亮度。

（5）深色线条滤镜：用黑色线条描绘图像的暗区,用白色线条描绘图像的亮区。

（6）烟灰墨滤镜：以日本画的风格来描绘图像,类似应用深色线条滤镜之后又模糊的效果。

（7）阴影线滤镜：类似用铅笔阴影线的笔触对所选的图像进行勾画的效果,与成角的线条滤镜的效果相似。

（8）油墨概况滤镜：用纤细的线条勾画图像的色彩边界,类似钢笔画的风格。

3.模糊滤镜

主要是使选区或图像柔和,淡化图像中不同色彩的边界,以达到掩盖图像的缺陷或创造出特殊效果的作用。下边我们把第一个憨态可掬的沙皮狗作为原图,来看一下各种模糊的滤镜的效果。如图5-53。

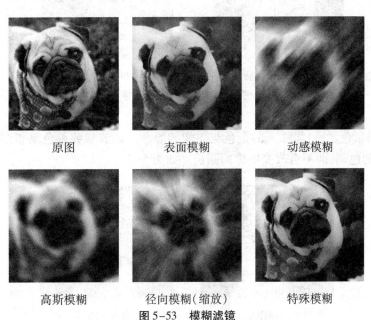

原图　　　　　表面模糊　　　　　动感模糊

高斯模糊　　　径向模糊（缩放）　　特殊模糊

图5-53　模糊滤镜

（1）表面模糊滤镜：产生轻微模糊效果,可消除图像中的杂色,如果只应用一次效果不明显,可重复应用。

（2）动感模糊滤镜：对图像沿着指定的方向（-360°~+360°），以指定的强度（1~999）进行模糊。其中参数角度表示设置模糊的角度，距离表示设置动感模糊的强度。

（3）高斯模糊滤镜：按指定的值快速模糊选中的图像部分，产生一种朦胧的效果。其中参数半径表示调节模糊半径，范围是 0.1~250 像素。

（4）进一步模糊滤镜：产生的模糊效果为模糊滤镜效果的 3~4 倍。

（5）径向模糊滤镜：模拟移动或旋转的相机产生的模糊。其中参数数量用来控制模糊的强度，范围为 1~100。旋转是指按指定的旋转角度沿着同心圆进行模糊。缩放表示产生从图像的中心点向四周发射的模糊效果。

（6）特殊模糊滤镜：可以产生多种模糊效果，使图像的层次感减弱。其中参数半径表示确定滤镜要模糊的距离。

4. 杂色滤镜

（1）蒙尘与划痕滤镜：可以捕捉图像或选区中相异的像素，并将其融入周围的图像中去。如图 5-54。

（2）去斑滤镜：检测图像边缘颜色变化较大的区域，通过模糊除边缘以外的其它部分以起到消除杂色的作用，但不损失图像的细节。

原图带有划痕　　　　　　　执行蒙尘和划痕滤镜后效果

图 5-54　蒙尘与划痕滤镜

（3）添加杂色滤镜：将添入的杂色与图像相混合。调节参数单色是指添加的杂色将只影响图像的色调，而不会改变图像的颜色。如图 5-55。

原图　　　　　　　　　　添加单色杂色

图 5-55　添加杂色滤镜

（4）中间值滤镜：通过混合像素的亮度来减少杂色。

5. 扭曲滤镜

扭曲滤镜是通过对图像应用扭曲变形实现各种效果。下边我们执行同一个图片作为原图,来看一下各种扭曲的滤镜的效果。如图5-56。

原图　　　　　　　　波浪

波纹　　　　　　　　玻璃

海洋波纹　　　　　　极坐标

扩散亮光　　　　　　水波

图5-56　扭曲滤镜

　　(1)波浪滤镜:使图像产生波浪扭曲效果。调节参数生成器数控制产生波的数量,范围是1~999,波长:其最大值与最小值决定相邻波峰之间的距离,两值相互制约,最大值必须大于或等于最小值。

（2）波纹滤镜：可以使图像产生类似水波纹的效果。调节参数数量控制波纹的变形幅度，范围是-999%到999%。大小：有大、中和小三种波纹可供选择。

（3）玻璃滤镜：使图像看上去如同隔着玻璃观看一样，此滤镜不能应用于 CMYK 和 Lab 模式的图像。

（4）海洋波纹滤镜：使图像产生普通的海洋波纹效果，此滤镜不能应用于 CMYK 和 Lab 模式的图像。调节参数波纹大小：调节波纹的尺寸；波纹幅度：控制波纹振动的幅度。

（5）极坐标滤镜：可将图像的坐标从平面坐标转换为极坐标或从极坐标转换为平面坐标。我们用一个平面图片分别使用两种极坐标效果来说明。如图 5-57。

原图   平面坐标到极坐标   极坐标到平面坐标

图 5-57   极坐标

调节参数：平面坐标到极坐标：将图像从平面坐标转换为极坐标。

极坐标到平面坐标：将图像从极坐标转换为平面坐标。

（6）挤压滤镜：使图像的中心产生凸起或凹下的效果。调节参数数量：控制挤压的强度，正值为向内挤压，负值为向外挤压，范围是-100% ~ 100%。

（7）扩散亮光滤镜：向图像中添加透明的背景色颗粒，在图像的亮区向外进行扩散添加，产生一种类似发光的效果。此滤镜不能应用于 CMYK 和 Lab 模式的图像。

（8）切变滤镜：可以控制指定的点来弯曲图像。

（9）球面化滤镜：可以使选区中心的图像产生凸出或凹陷的球体效果，类似挤压滤镜的效果。如图 5-58。

原图   球面化效果

图 5-58   球面化

（10）水波滤镜：使图像产生同心圆形状的波纹效果。调节参数数量是指波纹的波幅。起伏：控制波纹的密度。围绕中心：将图像的像素绕中心旋转。

（11）旋转扭曲滤镜：使图像产生旋转扭曲的效果。角度：调节旋转的角度。

（12）置换滤镜：可以产生弯曲、碎裂的图像效果。

6. 锐化滤镜

通过增加相邻像素的对比度来使模糊图像变清晰。如图5-59。

原图　　　　　　　　USM 锐化效果

图5-59　锐化滤镜

（1）USM 锐化滤镜：改善图像和边缘的清晰度。

（2）锐化滤镜：产生简单的锐化效果。

（3）进一步锐化滤镜：产生比锐化滤镜更强的锐化效果。

（4）锐化边缘滤镜：与锐化滤镜的效果相同，但它只是锐化图像的边缘。

7. 视频滤镜

属于 Photoshop 的外部接口程序，用来从摄像机输入图像或将图像输出到录像带上。

8. 素描滤镜

用于创建手绘图像的效果，简化图像的色彩。（注：此类滤镜不能应用在 CMYK 和 Lab 模式下）。下边我们执行同一个图片作为原图，来看一下各种素描滤镜的效果。如图 5-60。

（1）炭精笔滤镜：可以用来模拟炭精笔的纹理效果。在暗区执行前景色，在亮区执行背景色替换。调节参数前景色阶可以调节前景色的作用强度。而背景色阶可以调节背景色的作用强度。

（2）半调图案滤镜：模拟半调网屏的效果，且保持连续的色调范围。调节参数中大小可以调节图案的尺寸，对比度可以调节图像的对比度。而图案类型共包含圆圈，网点和直线三种图案类型。

（3）便条纸滤镜：模拟纸浮雕的效果。与颗粒滤镜和浮雕滤镜先后作用于图像所产生的效果类似。

（4）粉笔和炭笔滤镜：创建类似炭笔素描的效果。粉笔绘制图像背景，炭笔线条勾画暗区。粉笔绘制区应用背景色；炭笔绘制区应用前景色。

（5）铬黄滤镜：将图像处理成银质的铬黄表面效果。亮部为高反射点；暗部为低反射点。

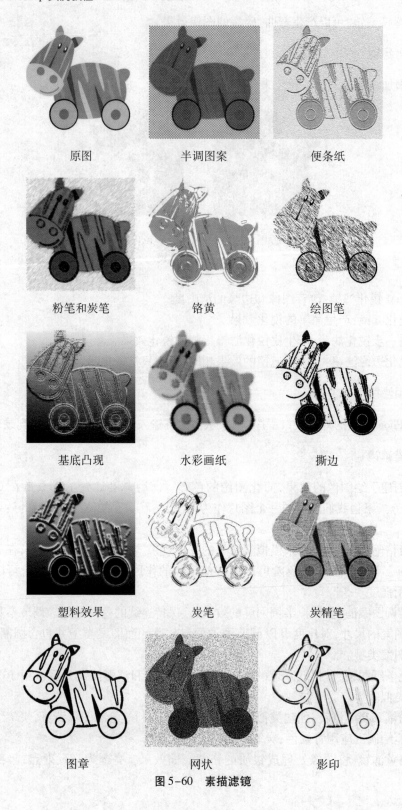

图 5-60　素描滤镜

(6)绘图笔滤镜:执行线状油墨来勾画原图像的细节。油墨应用前景色;纸张应用背景色。

(7)基底凸现滤镜:变换图像使之呈浮雕和突出光照共同作用下的效果。图像的暗区执行前景色替换;浅色部分执行背景色替换。

(8)水彩画纸滤镜:产生类似在纤维纸上的涂抹效果,并使颜色相互混合。

(9)撕边滤镜:,使图像呈现撕破的纸片状,并用前景色和背景色对图像着色。

(10)塑料效果滤镜:模拟塑料浮雕效果,并执行前景色和背景色为结果图像着色。暗区凸起,亮区凹陷。

(11)炭笔滤镜:产生色调分离的,涂抹的素描效果。边缘执行粗线条绘制,中间色调用对角描边进行勾画。炭笔应用前景色;纸张应用背景色。

(12)图章滤镜:简化图像,使之呈现图章盖印的效果,此滤镜用于黑白图像时效果最佳。

(13)网状滤镜:使图像的暗调区域结块,高光区域好像被轻微颗粒化。

(14)影印滤镜:模拟影印图像效果。暗区趋向于边缘的描绘,而中间色调为纯白或纯黑色。

9. 艺术效果滤镜

模拟天然或传统的艺术效果。(注:此组滤镜不能应用于 CMYK 和 Lab 模式的图像)。下边我们执行同一个图片作为原图,来看一下各种艺术效果滤镜的效果。如图 5-61。

(1)壁画滤镜:执行小块的颜料来粗糙地绘制图像。

(2)彩色铅笔滤镜:执行彩色铅笔在纯色背景上绘制图像。

(3)粗糙蜡笔滤镜:模拟用彩色蜡笔在带纹理的图像上的描边效果。

(4)底纹效果滤镜:模拟选择的纹理与图像相互融合在一起的效果。

(5)调色刀:降低图像的细节并淡化图像,使图像呈现出绘制在湿润的画布上的效果。

(6)干画笔:执行干画笔绘制图像,形成介于油画和水彩画之间的效果。

(7)海报边缘滤镜:执行黑色线条绘制图像的边缘。

(8)海绵滤镜:使图像看起来像是用海绵绘制的一样。

(9)绘画涂抹滤镜:执行不同类型的效果涂抹图像。

(10)胶片颗粒滤镜:模拟图像的胶片颗粒效果。

(11)木刻滤镜:将图像描绘成如同用彩色纸片拼贴的一样。

(12)霓虹灯光滤镜:模拟霓虹灯光照射图像的效果,图像背景将用前景色填充。

(13)水彩滤镜:模拟水彩风格的图像。

(14)塑料包装滤镜:将图像的细节部分涂上一层发光的塑料。

(15)涂抹棒滤镜:用对角线描边涂抹图像的暗区以柔化图像。

图 5-61   艺术滤镜使用效果

10. 纹理滤镜

为图像创造各种纹理材质的感觉。(注:此组滤镜不能应用于 CMYK 和 Lab 模式的图像)。下边我们执行同一个图片作为原图,来看一下各种纹理效果滤镜的效果。如图 5-62。

图 5-62 纹理滤镜实例效果

(1)龟裂缝滤镜:根据图像的等高线生成精细的纹理,应用此纹理使图像产生浮雕的效果。调节参数,裂缝间距可以调节纹理的凹陷部分的尺寸,裂缝深度可以调节凹陷部分的深度,裂缝亮度是指通过改变纹理图像的对比度来影响浮雕的效果。

(2)颗粒滤镜:模拟不同的颗粒(常规,软化,喷洒,结块,强反差,扩大,点刻,水平,垂直和斑点)纹理添加到图像的效果。

(3)马赛克拼贴滤镜:使图像看起来由方形的拼贴块组成,而且图像呈现出浮雕效果。

(4)拼缀图滤镜:将图像分解为由若干方型图块组成的效果,图块的颜色由该区域的主色决定。调节参数平方大小是指设置方型图块的大小。

（5）染色玻璃滤镜：将图像重新绘制成彩块玻璃效果，边框由前景色填充。

（6）纹理化滤镜：对图像直接应用自己选择的纹理。

11. 像素化滤镜

将图像分成一定的区域，将这些区域转变为相应的色块，再由色块构成图像，类似于色彩构成的效果。下边我们执行同一个图片作为原图，来看一下各种像素化效果滤镜的效果。如图 5-63。

原图　　　　　　　　彩色半调　　　　　　　　点状化

马赛克　　　　　　　　碎片　　　　　　　　铜版雕刻

图 5-63　像素化滤镜实例效果

（1）彩块化滤镜：执行纯色或相近颜色的像素结块来重新绘制图像，类似手绘的效果。

（2）彩色半调滤镜：模拟在图像的每个通道上执行半调网屏的效果，将一个通道分解为若干个矩形，然后用圆形替换掉矩形，圆形的大小与矩形的亮度成正比。

（3）点状化：将图像分解为随机分布的网点，模拟点状绘画的效果。执行背景色填充网点之间的空白区域。

（4）晶格化滤镜：执行多边形纯色结块重新绘制图像。

（5）碎片滤镜：将图像创建四个相互偏移的副本，产生类似重影的效果。

（6）铜版雕刻滤镜：执行黑白或颜色完全饱和的网点图案重新绘制图像。

（7）马赛克滤镜：众所周知的马赛克效果，将像素结为方形块。

12. 渲染滤镜

使图像产生三维映射云彩图像，折射图像和模拟光线反射，还可以用灰度文件链接创建纹理进行填充。如图 5-64。

（1）分层云彩滤镜：执行随机生成的介于前景色与背景色之间的值来生成云彩图案，

产生类似负片的效果,此滤镜不能应用于 Lab 模式的图像。

(2)光照效果滤镜:使图像呈现光照的效果,此滤镜不能应用于灰度,CMYK 和 Lab 模式的图像。调节参数中三种灯光类型分别是点光,平行光和全光源。

(3)镜头光晕滤镜:模拟亮光照射到相机镜头所产生的光晕效果。通过点击图像缩览图来改变光晕中心的位置,此滤镜不能应用于灰度,CMYK 和 Lab 模式的图像。

(4)纹纤维填充滤镜:用选择的灰度纹纤维填充选区。

(5)云彩滤镜:执行介于前景色和背景色之间的随机值生成柔和的云彩效果,如果按住 Alt 键执行云彩滤镜,将会生成色彩相对分明的云彩效果。

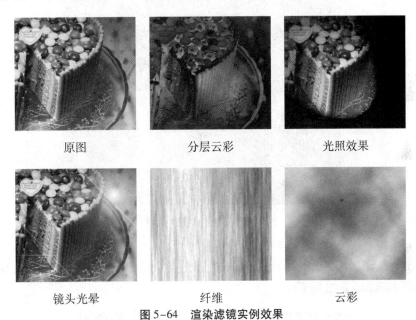

图 5-64 渲染滤镜实例效果

技能储备

微笑变惊吓图,如图 5-65。

图 5-65 原图与效果图的对比

✿✿ 实施步骤 ✿✿

（1）打开校内资源包素材"卡通女孩.jpg"，执行【滤镜】|【液化】，打开对话框，左边
工具组的功能可以"见名知义"，如图5-66。

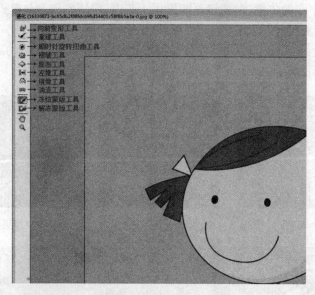

图5-66　液化滤镜对话框

（2）首先需要改变嘴巴的形状，为了不让下巴受影响，先把下巴周围用【冻结蒙版工
具】涂抹，使其冻结，如图5-67。

图5-67　冻结下巴

（3）选择【向前变形工具】，在嘴巴处拖拽，得到如图5-68。

图5-68 嘴巴变形

(4)选择【顺时针旋转扭曲工具】，在胳膊上按下鼠标，得到如图5-69。

图5-69 胳膊变形

任务分析

任务效果如图5-70。

图 5-70　任务三效果图

（1）按 Ctrl+N 组合键，打开【新建】面板，在预设中选择"国际标准纸张"，大小选择 A4，分辨率为 72 像素/英寸，色彩模式为 RGB 的文件。

（2）选择【图像】|【图像旋转】|【90°（顺时针）】。设置前景色为黑色，填充背景图层。

（3）选择文字工具，设置字体为幼圆，颜色为白色，字号为 160，在图层上输入"尚好家"三个字。按 Ctrl 点击文字图层，取出选区，然后在路径面板下面点击"从选区生成工作路径按钮"，生成文字路径，如图 5-71。

图 5-71　创建文字路径

（4）设置画笔属性。设置前景色为橙色，背景色为黄色。打开【画笔预设面板】，选择"硬边圆"画笔形状，间距调整为 400%，并设置形状动态、颜色动态、散布、传递等参数。

（5）隐藏文字图层，再新建一个图层 1，对路径进行描边。第一次描边前，把画笔大小调整为 20 像素，得到如图 5-72 效果。

图 5-72　用画笔描边路径

（6）复制图层 1，以便增强最终的烟花效果。然后，新建图层 2、图层 3，再次对路径描边，画笔大小相应地调整为 15、10，如图 5-73。

图 5-73　三次路径描边后的效果

（7）合并图层 1 至图层 3，然后按 Ctrl+Shift+Alt+E 组合键，将所有可见图层盖印。对盖印的图层执行【滤镜】|【扭曲】|【极坐标】中的"极坐标到坐标"。效果如图 5-74。

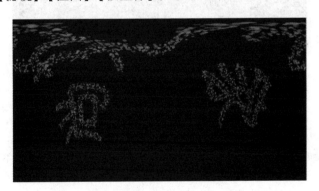

图 5-74　执行"极坐标到平面坐标"后效果

（8）选择图层 1，按 Ctrl+T 组合键，旋转 90°，即顺时针旋转 90°。执行【滤镜】|【风格化】|【风】。

（9）再按两次 Ctrl+F 组合键，重复执行上一次滤镜的效果。如图 5-75。

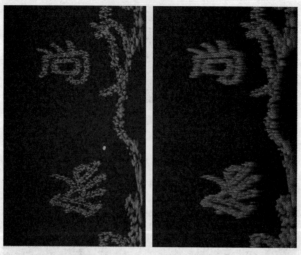

执行一次风的效果　　　　执行三次风的效果

图 5-75　执行风滤镜效果图

（10）按 Ctrl+T 组合键把图层 1 旋转回来，即–90°。再次执行【滤镜】|【扭曲】|【极坐标】中的"平面坐标到极坐标"。如图 5-76。

图 5-76　执行"平面坐标到极坐标"后的效果

（11）执行【滤镜】|【渲染】|【镜头光晕】，为图层添加 50 ~ 300 毫米变焦、亮度适合、位置适合的光圈。如图 5-77。

图 5-77　添加镜头光晕效果

（12）把图层1复本移动到最上层，使烟花效果更加清晰。如图5-78。

图 5-78　在最上层添加初始光点效果

（13）添加文字"尚品家竭诚为您服务"，并添加外发光样式，如图5-79。

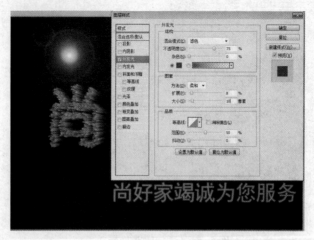

图 5-79　为文字添加图层样式

（12）添加调整图层"亮度/对比度"，适当调整图层的亮度，最终效果如图 5-80。

图 5-80　最终效果

实战练习

　　我们已经欣赏了设计部晶晶制作的全过程！现在到了大家正式上岗一试身手的时候了！

　　我校接到了商场音乐节活动的宣传单任务，首先要求大家设计一张时尚新潮的背景图片，尝试用各种滤镜的组合，不用任何素材而得到一些意想不到的效果。请各"公司"安排合适的任务，组织开展设计方案讨论会，确定最佳人选和方案，并抓紧实施。任务完成后，我们将请有关行业专家或客户来评价作品，大家加油吧！

综合实训

　　大家已经学习了平面设计的基本技能,包括画笔的设置、自定义画笔、图层的样式及混合模式、滤镜的应用等等。

　　下边我们就通过完整的实例对大家的掌握情况进行考核,看大家是否已经具备平面设计员的技能素质。

　　本次综合实训的任务是:每个"公司"根据学过的知识和技能,设计一张房地产公司的广告。在校内资源包"05\综合实训"文件夹中,为大家提供了一些素材,各"公司"也可根据自己"公司"的设计理念自己制作素材或是上网搜索。

　　考核标准见表5-4。

表 5-4　考核标准

"公司"名称	选择风格	完成度	完成效果	评价